Der Mensch als Wirkung:
Wie entsteht Freiheit?

RASSUL ALI

Der Mensch als Wirkung: Wie entsteht Freiheit?

Eine Untersuchung zur Entstehung
menschlicher Freiheit und Moral
aus Kausalität

Für Hasina.

Inhalt

Kurzzusammenfassung

Freiheit ist ein zentrales Motiv in der Evolution des Menschen und von Zivilisationen. Intuitiv wird die Mehrheit zustimmen, dass es sich befriedigend und gut anfühlt, über Möglichkeiten zur Realisierung des eigenen Willens zu verfügen. In den Kontext von Gesellschaften und der Natur gesetzt, hängt diese Realisierung individueller Wünsche von den Freiheiten anderer und den räumlich-materiellen Bedingungen in der Welt ab. Regelmäßig ist es notwendig, diese für eine Realisierung zu beachten. Andernfalls ist die Realisierung eines freien Willens nicht möglich oder muss der Möglichkeitsraum einer Person zugunsten einer anderen eingeschränkt werden. Die Frage ist sodann, wie innerhalb der räumlich-materiellen Bedingungen der Welt die individuellen Freiheiten global vergrößert werden können, ohne die Freiheit anderer zu reduzieren. Für die Konkretisierung dieser abstrakten Frage in Sachverhalten ist ein klares Verständnis darüber, wie Freiheit entsteht – eine Kausalität der Freiheit –, sehr zielführend. Diese Klärung mutet trivial an, jedoch zeigen Recherchen, dass es keinen wissenschaftlichen Konsens darüber gibt, was Kausalität eigentlich sei. Vor diesem Hintergrund gewinnt der Autor die Einsicht, dass die Frage nach Freiheit eigentlich eine Untersuchung von Kausalität ist. Gegenstand der vorliegenden Arbeit ist daher eine Kausalitätstheorie, die Kausalität nicht als ein vom Menschen unbeeinflussbares Naturphänomen auffasst, sondern vielmehr als ein Produkt aus der naturgegebenen Materie und des menschlichen Geistes begreift. Als solches enthält es seine Kreativität und Freiheit. Demnach entspringt Freiheit durch Kausalität aus dem Standpunkt eines Beobachters mit seinen räumlichen Möglichkeiten, unterschiedliche Erfahrungen machen zu können. Die Wiederholung von Erfahrungen ermöglicht es ihm, Handlungen zu identifizieren, die regelmäßig hinreichend ähnliche Wirkungen verursachen. Durch die Anwendung logischer Wahrheitsprüfungen wird er in die Lage versetzt, die Auswirkungen seiner Handlungen *a priori* in die Entscheidungsfindung für Handlungsmöglichkeiten einzubeziehen. Dieses „a priori"-Wissen über seine kausalen Handlungswirkungen vergrößert seine Freiheit. Veranschaulicht an den Beispielen von Sprache und Naturgesetzen wird der paradoxe Charakter dieser Freiheit durch Kausalität deutlich: Die Annahme von (augenscheinlich einschränkenden) kausalen Regeln und Gesetzen ist eine notwendige Voraussetzung, um Freiheit zu erlangen. Die Untersuchung fasst die Bedingungen für jede Kausalitätskonstruktion zusammen und erläutert, welche Nebenwirkungen in der Anwendung von Kausalitäten entstehen und wie Kausalitäten identifiziert werden können. Physikalische Theorien helfen die prinzipiellen Grenzen und Maße von Freiheit zu verstehen. Es wird gezeigt, dass jedes Maß und jede Messung selbst Kausalitätskonstruktionen sind, die Beobachtungen logische Werte zuschreiben und damit das Fundament von subjektiv-emotionalen Ethiken bilden. Aus den prinzipiellen Freiheitsgrenzen, denen jeder Beobachter universell ausgesetzt ist, letztlich die Geburt und der Tod des Lebens, sowie physikalischen Gesetzen wird ein objektives Maß, eine universelle Moral, abgeleitet: Handlungen sind gut, neutral oder schlecht in Abhängigkeit ihrer Auswirkung auf die Freiheit des Individuums *und* der Gesellschaft. Infolgedessen besteht der Weg zur Vergrößerung der globalen Freiheiten darin, individuelle und gesellschaftliche Handlungen sowie Abwägungen und Urteile darüber, was gut ist und was nicht, von diesem universellen Konzept regieren zu lassen. Eine Anwendung und Falsifikation des Konzepts an spezifischen Fallbeispielen steht noch aus und ist nicht im Umfang der Untersuchung enthalten. Im Ausblick steht das Vorhaben, (metaphysischen) Glauben und (empirische) Wissenschaften konsistent aus dem Konzept abzuleiten, um zu zeigen, dass sie sich nicht gegenseitig ausschließen, sondern in Kausalität verschmelzen.

I. Einleitung

Wie entsteht Freiheit? Diese grundlegende Frage bildet den Ausgangspunkt für die Bestimmung des menschlichen Wirkens. Kann ein Mensch seine Identität selbst und frei bestimmen oder ist sie vorbestimmt? Auf diese Fragen gibt es mindestens so viele Antworten wie Menschen auf der Erde. Aufs Ganze gesehen, erstrecken sich die Antwortversuche über das gesamte Spielfeld der scheinbar widersprüchlichen und unversöhnlichen Verhältnisse zwischen Glauben und Wissen. Können individuelle Personen und Gesellschaften in der Welt überhaupt frei sein und ihr Leben selbstbestimmt gestalten? Und wenn ja, was sollen sie mit der Freiheit tun?

Auf der Ebene des Individuums beginnt das Leben mit einer Reihe von vorbestimmten Bedingungen, die alles sind, nur nicht vom betroffenen Individuum frei und selbstbestimmt ausgewählt: Angefangen beim eigenen Geschlecht und Aussehen sowie einer unüberschaubaren Vielfalt weiterer genetisch-biologischer Eigenschaften hinüber zum Ruf- und Familiennamen sowie der Geburtsfamilie. Diese umfasst Eltern, Geschwister und die erweiterte Verwandtschaft samt deren Vorfahren, Familienerzählungen, Sprachen, Werte und den jeweiligen gesellschaftlichen Status. Wie die Schalen einer Zwiebel ist auch die Familie in eine Gesellschaft und natürliche Umgebung eingebettet, die in ihrer Gänze, aus Sicht eines Neugeborenen, vorbestimmte Bedingungen sind. Die Lebensumgebung und die Landschaft des Ortes der Kindheit: Sind es Wälder, Berge, Küsten oder wüste Steppen? Gibt es einen Wechsel der Jahreszeiten und welche natürlichen Rohstoffe stehen für die Verarbeitung und den Lebensunterhalt zur Verfügung? Die Gesellschaft hat Wertvorstellungen überliefert und sich danach organisiert, bestimmte Regierungs- und Wirtschaftsformen ausgeprägt. Sie verfügt vielleicht auch über ein gesellschaftliches Selbstverständnis mit Rechts- und Bildungssystem sowie eigener Geschichtsschreibung usw. usf. So wird ein neugeborener Mensch in eine Welt und eine Gesellschaft hineingeworfen, die schon ihre Geschichten haben und viele spezielle Eigenschaften ausbildeten. Das menschliche Kleinkind ist diesen Vorbedingungen grundsätzlich ohne Mitbestimmung ausgesetzt. Erst der heranwachsende und erwachsene Mensch nimmt mehr oder weniger bewusst Einfluss auf seine natürlichen und gesellschaftlichen Lebensbedingungen.

Auch in erwachsenem Zustand ist der Mensch vielfältigen Vorbestimmungen ausgesetzt, die am eigenen Einfluss und an der Existenz von Freiheit zweifeln lassen können: Die Entdeckung und Verwirklichung der eigenen sexuellen Identität, insbesondere im Hinblick auf die Partnerwahl, ist durch gesellschaftliche Vorstellungen und Zulässigkeiten stark reguliert. Ebenso zeichnen familiäre Herkunft, die schulische Ausbildung und die Berufswahl einen Weg für den weiteren Werdegang, die Identitätsentwicklung und das persönliche Schicksal vor. Mit Blick auf die historische Entwicklung der aufgeklärten „westlichen" Gesellschaften war es in den vormals feudalen Gesellschaftsordnungen den Menschen kaum möglich, ihre Vorbestimmungen zu überwinden, aus tradierten Lebenszyklen auszubrechen und „frei" zu leben. Der Handlungsspielraum war stark eingegrenzt und es blieb den Allermeisten nicht viel übrig, außer den vorgegebenen und bekannten Lebensraum anzunehmen. Nur eine Minderheit ging freiwillig oder notgedrungen ein großes Wagnis ein und entfloh der eigenen Herkunft oder dem bekannten und bewährten Lebensumfeld mit ungewissem Ausgang. Mehrheitlich wurden die überlieferten Lebensumstände bestätigt, wiederholt und erhalten. Die gesellschaftlich vorbestimmten Lebensbedingungen blieben für den Großteil der neuen Menschenkinder über Generationen bestehen. Damit könnte sich der Eindruck ergeben, dass das persönliche Schicksal und die Gesellschaftsordnung natürlich oder sogar göttlich vorbestimmt und unabänderlich seien. Doch unbestreitbar vollzieht die Geschichte der Menschheit keinen ewig gleichen und unabänderlichen Kreislauf der Lebensverhältnisse.

Die Erprobung neuer und alternativer Möglichkeiten der Gestaltung des Lebens und der Natur öffnete den scheinbar unabänderlichen Lauf der Evolution für den menschlichen Willen. Die Sammlung, Auswertung und Fixierung dieser Erfahrungen durch aufmerksame und begeisterte Personen schuf, erhielt und übermittelte das Wissen um diese Wirkmöglichkeiten über Generationen. Wissen wurde die Basis für den Einfluss einzelner Personen auf Gesellschaften und ganze Weltregionen. Insbesondere das abstrakt-symbolisch kodifizierte Wissen in Form von Schriften, Musik und Ritualen veränderte Möglichkeitsräume und führte zu materiell-technologischen Fortschritten und gesellschaftlichen Neuordnungen, stand aber traditionell jeweils nur einer kleinen gesellschaftlichen Schicht von Herrschern und Gelehrten zur Verfügung. Ihnen oblagen die Weltdeutung und Verwaltung gesellschaftlicher Wahrheiten. Radikale Öffnungen der gesellschaftlichen Verhältnisse und die breite Einsicht in die prinzipiellen Fähigkeiten von jedermann, das eigene Leben und die Gesellschaft zu beeinflussen, entwickelten sich erst mit der einfacheren Verbreitung des symbolisch kodifizierten Wissens. Der Buchdruck sowie die Entdeckung, Verbreitung und Anwendung von neuem Wissen über grundlegende Naturgesetze, zusammengenommen die Aufklärung und industrielle Revolution, beschleunigten alle von ihnen durchwirkten Gesellschaften in ungekannten Maßen. Die in ihrer Folge hervorgebrachten neuen Bewegungsfreiheiten, sei es die Eisenbahn und das Auto für menschliche Körper und Waren oder der Funk und das Radio für Gedanken, Worte und Ideen, zerstörten die traditionellen Lebensmuster und brachten grundlegende Neuordnungen der globalen sozioökonomischen Gesellschaftsverhältnisse mit sich. Die Privilegien der Aristokratie und Geistlichkeit in feudalen Gesellschaftsordnungen verloren ihre Bedeutung und ihren Einfluss. Diese gesellschaftliche Beschleunigung hält bis heute an und nahm mit der Entwicklung des Internets vielleicht nochmal zu. Heute steht der Großteil der Weltbevölkerung in dauerhaftem Austausch und kommuniziert miteinander. Zugleich entstehen Lebensrisiken nicht mehr nur durch Ereignisse, die von außerhalb und ohne Eigenverantwortung auf den Menschen einwirken, sondern Gesellschaften gefährden sich durch eigenes Wirken selbst: Umweltschäden, Klimaveränderungen, Epidemien, Massenvernichtungswaffen und Migrationen. Nicht mehr nur individuelle Lebensläufe und Gesellschaftsordnungen unterliegen der willentlichen Beeinflussung des Menschen, sondern immer weitere und tiefere Bereiche der natürlichen Existenz selbst.

So drängt sich der moderne Eindruck auf, es sei nichts mehr gewiss und alles frei gestaltbar. Menschen können ihre persönliche Identität, sei es in Bezug auf ihre soziale Herkunft, ihr Alter, ihre Nationalität, ihre Ethnie, ihre körperlichen und geistigen Einschränkungen, ihr Geschlecht oder ihre sexuelle Orientierung, verändern. In vielen Gesellschaften entfallen Einschränkungen in der Partnerwahl, vielfältige Familienkonstellationen und Lebenssituationen entstehen. Niemand soll das Recht haben, einem Menschen zu sagen, wer oder was er sei, geschweige was er zu sein hat. Jeder wäre frei, es für sich selbst festzulegen. Es läge alles im Auge und in den Händen des Betrachters, denn schließlich hätte schon Albert Einstein gesagt, dass alles relativ sei! Damit müsse nur jeder frei sein und für sich selbst beurteilen, welche Handlungen gut oder schlecht wären, um sein persönliches Glück zu finden. Einem glücklichen Leben und entsprechenden Gesellschaften stünde dann nichts im Wege; das universell Gute gäbe es einfach nicht. Die Gefahr, persönliche oder gesellschaftliche Willkür in solch einen Freiheitsbegriff zu kleiden, liegt auf der Hand: Freiheit für die eigenen Möglichkeitsräume ist gut, aber die anderen mögen dies bitte berücksichtigen und sich entsprechend zurückhalten. Der Konflikt widerstreitender Freiheiten bleibt ungelöst. Führte das Primat der Freiheit nicht dazu, dass heute in den Medien jeder alles – auch Falsches und Entehrendes – behaupten und aussprechen kann, solange es konsumiert wird? Sind es nicht die global organisierten freien Märkte, die die Ausbeutung von Menschen und Ressourcen für die Befriedung medial angeregter Konsumbedürfnisse ermöglichen und lokale Kulturen sowie natürliche Lebensräume zerstören? Im Windschatten der von einem neuen Freiheitsverständnis geprägten Aufklärung und Industrialisierung treiben schließlich auch Kolonialisierung, Imperialismus, Rassismus, Extremismus und Terrorismus mit ihren lebens- und freiheitsfeindlichen Wirkungen neue Blüten. Und sind es nicht auch heute wieder die offenen gesellschaftlichen Grenzen und die freien Bewegungen der Menschen, die zu kultureller Überfremdung, Unverständnis, sozialer Spaltung, Konflikten und Hass führen? Es wäre naheliegend, Halt im abgegrenzten, bekannten, erlaubten und geschützten lokalen Raum zu suchen. Kontrollen, Verbote, Verzicht und Einschränkungen von Freiheiten erscheinen als sinnvolle Maßnahmen. Ist es dem Menschen insofern überhaupt möglich, frei zu sein und gut zu handeln?

Gemeinsame Grundlage dieser Gedanken über die Bewegungen und Bestimmungen der Menschheit ist, dass sie Ursachen unterstellen, aus denen sich beobachtete Wirkungen ergeben, die sodann den Geist zu Beurteilungen drängen. Schnell ist eine endlose Verkettung von Ursachen für die Entstehung von Wirkungen und gesellschaftlichen Entwicklungen in Gang gesetzt, die großzügig mit Gewissheiten und Wertungen versehen werden: Der gierige kapitalistische Industriekomplex ist für das Verderben der Gesellschaften und der Umwelt verantwortlich. Das Internet ist schuld daran, dass der Einzelhandel in Innenstädten stirbt und jedermann über Social Media sich selbst und seine Seele verkauft. Außerdem könne ein Mensch niemals sein Geschlecht selbst wählen, da er entweder als Mann oder Frau geboren wird und eine freie Selbstbestimmung der geschlechtlichen oder sexuellen Identitäten daher unmöglich sei. Genauso gölte, dass nur wer selbst und wessen Eltern und Ur-Großeltern in Deutschland geboren wurden, ein Deutscher mit all seinen Vorzügen ist; die Ursachen dafür könnten über die nordischen Mythen bis tief in die Vergangenheit beliebig fortgesetzt werden. Enden würde sie über die ganze Evolutionsgeschichte hinweg bei einem deutsch verklärten Urknall. Eine aktiv-kontinuierliche Neubetrachtung und Gestaltung der eigenen Geschichte und Zukunft, sprich Identität, lassen sich besonders effektiv mit unveränderlichen mythischen Gewissheiten verschütten. Im Zweifel werden diese Erzählungen aufgezwungen, damit sich alle daran halten und sie bestehen bleiben.

Ungeachtet der Vielfältigkeit und des Komplexitätsgrads solcher Gedanken, lässt sich der Kern auf die Fragen reduzieren: Was ist Freiheit und gibt es (moralische) Grenzen der Freiheit? Zur Beantwortung wende ich mich dem Philosophieren zu. Als Schutz vor Beliebigkeit und Willkür suche ich mit ihrer Hilfe Erklärungen und Gewissheiten. Daraus verspreche ich mir vielfältige Antworten mit praktischer Relevanz für die Bewältigung des Lebens und gesellschaftlicher Teilhabe. Angesichts begrenzter zeitlicher Ressourcen und einer nahezu endlosen Menge an Schriften zu diesen oder verwandten Themen verzichte ich weitestgehend auf einen Literaturapparat. Ein kursorischer Überblick zum Stand relevanter Literatur findet sich im Epilog. Stattdessen versuche ich gemäß dem Grundsatz „Sapere aude" eine freie Bearbeitung des Themas und beginne mit einer Untersuchung zur Voraussetzung, die überhaupt eine universell-gesetzmäßige Entstehung von Freiheit ermöglicht: Kausalität.

II. Freiheit durch Kausalität

Meine Überlegungen folgen dem Denken von Hume, Kant, Wittgenstein und vermutlich auch in vielen Teilen dem Konstruktivismus[1] und bilden die menschlichen Wahrnehmungen sowie die Kommunikation darüber, insbesondere die symbolische Verarbeitung und Mitteilung, als zentrale Ausgangspunkte menschlicher Freiheiten aus. Darauf aufbauend sind Wahrnehmungen die Kernelemente der von mir „Kausaleinheiten" genannten Objekte und deren Einsatz ist die Voraussetzung für die Entstehung und Vergrößerung der menschlichen Freiheiten. Ich gehe nämlich davon aus, dass Kausalität etwas vom Menschen Erschaffenes ist und damit in seiner empirischen Natur und ihren Bedingungen wurzelt: Der physikalische Kausalzusammenhang zwischen dem Gewicht eines Gegenstands und der Geschwindigkeit, mit der dieser zu Boden fällt, lässt sich empirisch ermitteln und in Experimenten beweisen. Die Entdeckung, die begriffliche und gesetzmäßige Formulierung des zugehörigen Ursache-Wirkungs-Zusammenhangs in einer mathematisch-physikalischen Formel, also das zugrundeliegende Kausalgesetz, lässt sich empirisch entwickeln und erfahren, ist aber nicht naturgegeben, sondern eine freie sprachlich-begriffliche Leistung von Menschen. Empirisch nachweisbare Freiheit und Kausalität hängen demnach unmittelbar zusammen. Tatsächlich waren Gedanken über Kausalität und die Bildung von Identitäten der Ausgangspunkt für diese Arbeit und im Epilog sind meine anfänglichen Recherchen zu wissenschaftlichen

---

[1] Zwar habe ich einige Texte über oder von Hume, Kant, Wittgenstein und über den Konstruktivismus gelesen, eine erschöpfende Auswertung aller Textquellen dazu war mir allerdings aufgrund des unermesslichen Umfangs zeitlich nicht möglich. Insofern bin ich für jeden weiteren Hinweis auf identische oder sehr ähnliche Ansätze von diesen Personen oder innerhalb des Konstruktivismus dankbar.

Untersuchungen über Kausalität dokumentiert. Dabei stieß ich darauf, dass es entgegen dem oberflächlichen Verständnis von eindeutigen natürlichen Kausalzusammenhängen keine zufriedenstellende und anerkannte Theorie darüber gibt, was Kausalität eigentlich sei. Eine unbändige Freiheit schien dem Konzept der Kausalität zu eigen, sodass ich mich auf das Zusammenspiel von Kausalität und Freiheit konzentrierte. Als Ergebnis dieser Untersuchungen stelle ich zwei Aussagen vor:

1. Die Unterscheidung von Raumteilen durch Beobachtungen und die daran anschließende synthetische Vereinheitlichung beobachteter Raumteile zu Kausaleinheiten sind universelle Voraussetzungen für die Entwicklung menschlicher Freiheiten, quasi ihre anthropogene „Naturgesetzlichkeit".
2. Diese Beobachtungs- und Denkvorgänge bringen, aufgrund ihrer notwendigen räumlichen Bedingtheit, eine empirisch begründete universelle Moralität hervor.

Ungeachtet der empirischen Basis meiner Aussagen führe ich keine statistischen Auswertungen oder Experimente durch, sondern entwickele in dieser Arbeit rein gedanklich die Argumentationen zum theoretischen Beweis der Aussagen.

Entsprechend geht es zunächst darum, zu untersuchen, wie die menschliche Willensfreiheit im Unterscheidungsakt von Beobachtungen in die Welt kommt und damit das Fundament für das handelnde „Ich" legt. Da das wollende Ich sich grundsätzlich mit den materiellen Bedingungen seiner selbst und Umwelt sowie mehreren Handlungsmöglichkeiten konfrontiert sieht, die zusammengenommen einen Möglichkeitsraum aufspannen, gehe ich auf diese Elemente ein und führe aus, wie aus deren Zusammenspiel und der Symbolisierung von Beobachtungen sog. Kausaleinheiten entstehen können. Darauf aufbauend zeige ich, wie diese Kausaleinheiten anhand von Beobachtungsbedingungen objektiviert und tatsächlicher Bestandteil des Alltags werden können, welche Funktion dabei die Wahrheit erfüllt und wie dies menschliche Freiheiten zu vergrößern vermag. Ich deute hier bereits an, dass Symboliken und Kausaleinheiten nicht nur auf die menschliche Kommunikation beschränkt bleiben, sondern auch, und insbesondere in der Moderne, technische Geräte und Instrumente als Elemente in Kausaleinheiten benutzt werden können. Im letzten Teil der Untersuchungen zur „Mechanik" der Kausalitätskonstruktion gehe ich darauf ein, dass ihr stets eine Widersprüchlichkeit zu eigen ist: Freiheit wird erst durch Annahme von Einschränkungen möglich. Zudem hängt die Freiheit des Einzelnen stets von der Freiheit der anderen ab und bringt abschließend sowohl eine persönliche als auch gesellschaftliche Verantwortlichkeit für das jeweilige Handeln ins Spiel.

Im Rahmen erfolgreicher Kausalitätskonstruktionen und Freiheitsgewinne stoßen wir auf Eigenschaften, die überhaupt erst aus ihrer Konstruktion entstehen. Dazu gehört eine Reihe von allgemeinen Bedingungskategorien, die für jede Konstruktion von Kausalitäten und damit für die Erhaltung bzw. Erweiterung von Freiheiten hinreichend erfüllt sein müssen. Aufgrund des universellen Charakters von Kausalität und Freiheit sowie der vielfältigen psychologischen, technischen und gesellschaftlichen Zusammenhänge, in denen sie eine Rolle spielen, und der nur hinreichenden Notwendigkeit in der Ausgestaltung ihrer Bedingungskategorien, ist eine Klärung der damit verbundenen Fragen über Ursachenverdunkelung und Komplexität sinnvoll. Dabei geht es wesentlich um die Zunahme an Komplexität bei der Einbindung einer Vielzahl unterschiedlicher Raumteile in Kausaleinheiten sowie die Möglichkeit, Komplexität in wenige prinzipielle Kausaleinheiten reduzieren zu können. Das Vorliegen von Komplexität bedeutet auch nicht notwendigerweise einen größeren

Möglichkeitsraum. Die Frage, woran sich die Veränderung des Möglichkeitsraums festmachen lässt, bearbeite ich mit dem universellen physikalischen Konzept der Entropie. Die Veränderung von Freiheiten anhand von Entropie nachweisen zu können, führt dann zur Untersuchung der beteiligten Beobachter, die Erweiterung von Freiheiten durch Kausalitätsübertragungen und die Grenzen von Freiheit. Ihre letztlich physikalisch begründete Begrenztheit leitet im Schlussteil zur Notwendigkeit einer Vernunft und Moralität über, die die Frage aufwerfen, wie ein Beobachter die Entscheidungsmöglichen innerhalb seines endlichen Möglichkeitsraums überhaupt bewerten kann. In diesem letzten Teil geht es um die Voraussetzungen eines Urteils und die Bewertung einer Handlung als gut, schlecht oder neutral anhand eines universellen Maßstabs. Unter Wahrung der vorigen Ansätze leite ich diesen Maßstab aus empirisch-physikalischen Konzepten, die mit der Entropie eng verwandt sind, ab und deute dessen Anwendung auf die Konstruktion von Kausaleinheiten bzw. ihre Auswirkungen auf den Menschen und seine Freiheit an.

A. Konstruktion von Kausaleinheiten

Im Kern des ersten Abschnitts geht es darum, den gesetzmäßigen Zusammenhang – das „Naturgesetz" oder die Mechanik des menschlichen Denkens – zwischen Wahrnehmung und Kausalitätskonstruktion sowie die sich daraus ergebenden Freiheitsgewinne offenzulegen. Die in der Kausalitätskonstruktion zusammengeführten Elemente bezeichne ich nachstehend mit dem Begriff „Kausaleinheit". Die Wahl des Begriffs Kausaleinheit ist zusammengesetzt aus zwei gleichermaßen wichtigen Bestandteilen. Der Begriffsteil „kausal" weist auf eine allgemeine bzw. gesetzmäßige Vorgehensweise zur Verarbeitung und räumlichen Anordnung von Wahrnehmungen mittels Symbolen hin. Das Wort kausal spiegelt den Vorgang wider, dass mit Hilfe von Symbolen auf bestimmte räumliche Wahrnehmungen, die miteinander in einer räumlichen Beziehung in Form von Ursache und Wirkung stehen, verwiesen wird. Im Wesentlichen besteht die Beziehung in der geistigen Verbindung von Wahrnehmungen und wie diese Verbindung herzustellen sei, wird anhand von Symbolen angezeigt. Ich behaupte, dass es sich bei Symbolen um die Umwandlung von räumlichen Wahrnehmungen handelt, ein Symbol geronnenen Willens und der Wahrnehmung ist, und sich dieser Herstellungsvorgang im menschlichen Bewusstsein abspielt. Symbole verstehe ich allgemein, d.h. bspw., Gefühle werden in geschriebene Worte umgewandelt, Geräusche in Gefühlsregungen, Gerüche in Gesichtsausdrücke, Farben in Handlungen, Gedanken in gesprochene Worte usw. usf. Die menschlichen Wahrnehmungen sind insofern der Knotenpunkt meiner Kausalitätstheorie, als dass sie entweder als „Ursache" am Anfang von Ereignissen oder als „Wirkung" am Ende von Ereignissen stehen können. Kausalität ist daher notwendigerweise etwas Anthropozentrisches, da es unzertrennlich mit der menschlichen Wahrnehmung verknüpft ist. Der zweite Begriffsteil

„Einheit" greift im Sinne von Kant die Zusammenführung, Gleichsetzung oder besser Verschmelzung dieser (räumlichen) Wahrnehmungen und (räumlichen) Symbole in menschlichen Bewusstseinen, den „Ichs", auf (der von Kant als „synthetische Einheit der Apperzeption" beschriebene Vorgang)[2]. Es kommt im weiteren Verlauf der Untersuchung an verschiedenen Stellen auf den gleich seienden Aspekt, die „Ein-heit", das „Eins-sein", des wahrgenommenen und wahrnehmenden Raums (dem Beobachter und das Beobachtete) an. Dieses Gleichsein deute ich als die zur Ursache zugehörigen Wirkung und die Erfahrung der Wirkung einer Ursache als Identität. Bevor ich diesen für Freiheiten notwendigen und allgemein gesetzmäßigen Vorgang zur Konstruktion von Kausaleinheiten entfalte, gehe ich zunächst näher auf die Ausgangslage und grundlegenden Wahrnehmungen des Menschen ein. Sie bilden das Fundament für die Bestimmung der Bedeutung von Kausaleinheiten für die Entwicklung menschlicher Freiheiten.

1.   Wahrnehmung und Wille

Dass etwas außerhalb der menschlichen Wahrnehmung existiere, kann zwar jeder Mensch behaupten, aber kein Mensch erkennen und wissen, da dafür eine Rezeption dieser Elemente außerhalb der menschlichen Wahrnehmung notwendig wäre. Demzufolge vermag der Mensch Existenzen nur über seine Wahrnehmung zu erkennen. Demgegenüber stellt sich die Frage, welche Wahrnehmungen der Mensch erkennen kann. Zunächst ist der Mensch auf seine Sinnesorgane angewiesen, über die er Energie, oder umgangssprachlich: die erfahrbare Umwelt, in sein Bewusstsein aufnehmen kann. Dies

---

2   Vgl. *Kant* [1787] 1974, Kritik Vernunft, B 132, 133 ff.

kann bspw. optisch über seine Augen, akustisch über seine Ohren oder sensuell über seine Haut, Zunge oder Nase geschehen und weitere Gefühle, Reize oder allgemein Wirkungen in seinem Bewusstsein verursachen. Aber sind diese Wirkungen im Bewusstsein auf Impulse durch die Sinnesorgane beschränkt? Sensuelle Wahrnehmungen oder Gefühlsregungen können auch von anderen Organen, bspw. dem Herz, dem Magen, Muskeln usw., ausgehen, wobei die notwendige Voraussetzung für deren menschliche Erkenntnis ist, dass diese Reize ebenso zur Aufnahme im Bewusstsein weitergeleitet werden. Ich möchte Wahrnehmungen möglichst weit und allgemein verstehen, denn der Mensch ist auch in der Lage, seine Wahrnehmungen auf nicht unmittelbar sensuelle Vorgänge, bspw. sprachliche Bewusstseinsinhalte, auszurichten, um zuvor getätigte Wahrnehmungen (Erinnerungen) widerzuspiegeln oder zu reproduzieren. Diese Wahrnehmungen können vermutlich stärkere Wirkungen hervorrufen, wenn sie mit Gefühlen einhergehen und der Wahrnehmende diese zusätzlich nachspürt. Die Gemeinsamkeit aller unterschiedlichen Wahrnehmungen ist die räumliche Bedingtheit. Das Lesen eines Textes lässt sich räumlich aufschlüsseln in die optische Wahrnehmung von Materie, die gegenüber der sie umgebenden Materie derart angeordnet und abgegrenzt ist (Farbe bzw. Pigmente auf einem kontrastreichen Untergrund wie bspw. helles, weißes Papier), dass sie es dem wahrnehmenden Bewusstsein erlaubt, ein Symbol zu erkennen und durch Verknüpfung mit anderen bereits bekannten Symbolen zu verstehen (vorausgesetzt, es existiert ein System von Symbolen und ihnen zugeordneten Bedeutungen). Dieser Vorgang gehört meiner Ansicht nach auch zur sinnlichen Wahrnehmung im Bewusstsein.[3] Begriffliches Denken, also die innere sprachlich-

---

3   Dies könnte im Gegensatz zu Kant stehen, der die Ausbildung und ggf. auch
    Benutzung von Begrifflichkeiten im Bewusstsein als geistige Erkenntnis, die

gedankliche Reflexion vergangener Wahrnehmungen, Erinnerungen von Erlebnissen und alle dem Bewusstsein bekannten Begriffe, oder gedankliche Kreationen, bspw. die Schöpfung neuer Begriffe aus der Rekombination alter bereits bekannter Symbole oder die Ausbildung neuer Symbole, zähle ich insofern auch zu sinnlichen Wahrnehmungen und Beobachtungen, da sie notwendigerweise räumlich bedingt sind und ein wahrnehmendes Bewusstsein benötigen.

Der Mensch könnte nun versucht sein, exakt beobachten bzw. ausmessen zu wollen, wo genau diese Wahrnehmung stattfindet, was der Verortung des Bewusstseins entspräche. Ist es nun die Nervenzelle, in der die Wahrnehmung stattfindet bzw. beginnt, oder ist es der Energiefluss und können sich Gedanken bereits in dieser Energie befinden, sozusagen einem Elektron anhaften? Bestehen Gedanken aus Materie? Usw. usf. Dieses Denken führte dann aber nicht zum tieferen Verständnis des oben kurz angedeuteten kausalen Vorgangs, dass Wahrnehmungen Ursachen für Wirkungen im Bewusstsein sind, sondern wiederholte nur die übliche Denk-Vorgehensweise und wendete sie auf neue, vielleicht grundlegendere oder anders abgegrenzte Beobachtungsgegenstände an: den Menschen, den Kopf, das Gehirn, wassergetränkte Fettmassen, Nervenzellen und -bahnen, elektrische Ströme, physikalische Elementarteilchen usw. usf. Die Ausrichtung dieser Wahrnehmungen bzw. die Zielrichtung dieses analytischen Denkens lässt sich als Suche nach der jeweils tiefer liegenden „Ur-Sache" beschreiben; sie aufzudecken bzw. abzugrenzen und als Objekt oder Teilchen zu definieren, räumlich abzugrenzen und begreiflich zu machen.

Für die weitere Theorieentwicklung genüge an dieser Stelle vorerst die Annahme, dass Gedanken als verschiedentliches

---

Zusammenspiel elektrischer Ladungen bzw. elektro-biochemischer Vorgänge im Gehirn vorstellbar und damit räumlich bedingt seien. Das für die Theorieausbildung entscheidende Argument liegt dann darin, dass es eine notwendige Verknüpfung von Wahrnehmung, Bewusstsein und Räumlichkeit gibt. Wo genau diese Verknüpfung stattfindet, ist hier sekundär. Es ist nicht Ziel meines Denkens die analytische Richtung weiter zu verfolgen, sondern synthetisch vorzugehen und die gewonnene Erkenntnis, dass Wahrnehmungen notwendigerweise räumlich und mit einem Wahrnehmenden verknüpft sind, auszubauen. Hier sei noch angemerkt, dass ich bisher von Wahrnehmungen im Bewusstsein gesprochen habe und nicht darauf einging, ob diese Wahrnehmungen aktiv („bewusst") oder passiv („unbewusst") vom Wahrnehmenden getätigt werden. Es könnte sich hier auch die Frage stellen, was das Bewusstsein ist und ob unbewusste Wahrnehmungen nach meiner Argumentation überhaupt möglich sind. Auch hier breche ich die Analyse des Bewusstseins ab und fokussiere auf die bewussten Wahrnehmungen, die vom Wahrnehmenden aktiv getätigt und willentlich beeinflusst werden können. Diese Orientierung am (aktiv) handelnden Beobachter wurde schon bei Kant mit seiner kopernikanischen Wende des Denkens angelegt und ist bis heute ein zentrales Element des Konstruktivismus.[4] Im Folgenden verwende ich Wahrnehmung und Beobachtung bzw. Wahrnehmende und Beobachter synonym, spreche jedoch bevorzugt von Beobachter, da es eher eine bewusste Handlung beschreibt und auch Maschinen Messungen vornehmen können, die in diesem Sinne Beobachtungen sind. Wahrnehmungen könnten eine eher menschliche und auch unbewusste Konnotation haben und den erweiterten Blick auf Messgeräte, die im späteren Verlauf der Untersuchung noch Beachtung finden, versperren.

---

4   Vgl. *Pörkens* 2011, Schlüsselwerke Konstruktivismus, S. 21.

Durch Konzentration, also die Bündelung mehrerer Sinnesempfindungen oder die Isolation einer einzelnen Sinnesempfindung, auf in das Bewusstsein eindringende Veränderungen aus der Welt (Reize) ist es also dem Menschen oder Wahrnehmenden möglich, seine Wahrnehmung im Raum zu steuern. Auch ist es dem Beobachter häufig möglich, sich selbst im Raum zu bewegen, anders zu positionieren und damit indirekt sein Bewusstsein örtlich zu bewegen bzw. andere Beobachtungen zu machen. Die Wahrnehmung von Ereignissen in der Welt kann damit willentlich beeinflusst werden. Denn ein Wahrnehmender ist grundsätzlich, selbst wenn der Körper bzw. das Bewusstsein sich örtlich nicht bewegen und verändern kann, in der Lage, willentlich zu beeinflussen, worauf er seine Aufmerksamkeit bzw. sein Bewusstsein richten möchte. Eine gefesselte Person, deren Augen verbunden und Ohren abgedeckt sind, vermag sich noch immer auf Gerüche oder Geschmäcke, die Materie, auf der sie liegt, sitzt oder hängt, und innerhalb seines Bewusstseins auf unterschiedlichste Erinnerungen und Gedanken zu konzentrieren. Die Steuerung der Aufmerksamkeit ist der eigentliche Akt der Beobachtung und lässt sich als Unterscheidungsakt[5] verstehen:

„Jede Wahrnehmung bedeutet unvermeidlich die Ausblendung einer gewaltigen Restwelt auch möglicher Wahrnehmungen. Jedes Sehen ist gleichzeitig blind. Wenn man etwas sieht, sieht man etwas anderes nicht; wenn man etwas beobachtet, beobachtet man etwas anderes nicht."[6]

Neben der Erkenntnis, dass notwendigerweise jede Beobachtung etwas Nichtbeobachtetes bedingt, sehe ich im Beobachtungsakt eine

---

5   Vgl. ebd. S. 21 f.
6   Ebd. S. 22 f.

fundamentale Begründung des menschlichen Willens. Ich behaupte, dass der Mensch in der Lage ist, mindestens einen Teil seiner wahrnehmenden Sinnesorgane, und damit einen Teil (den „bewussten" Teil) seines Bewusstseins, willentlich im Raum auszurichten. Er kann seine Aufmerksamkeit auf von ihm gewählte Vorgänge in der von ihm wahrnehmbaren Welt ausrichten. Und in der Ausrichtung seiner Aufmerksamkeit ist er vielfach frei, bspw. ist es ihm überlassen, welche Website er im Internet aufruft, welchen Kinofilm er anschaut, welche Musik er hört, wie warm er die Zimmertemperatur reguliert, welche Gewürze er zum Kochen verwendet, welche Orte er aufsucht usw. usf. Der Mensch ist befähigt sein Bewusstsein räumlich zu bewegen (er bewegt seinen Körper und die damit verbundenen Sinne, sozusagen seinen Empfänger) und Umwelteinflüssen auszusetzen. Unbeschränkt sind diese Freiheiten jedoch nicht, denn jegliche Beobachtung ist stets abhängig von den räumlichen Bedingungen, in denen sich der Beobachter befindet und vielfach sind diese räumlichen Bedingungen dem Beobachter vorgegeben. Sofern es in der für einen Beobachter erreichbaren Umgebung kein Internet, Kino, keine Musikanlage, Heizung oder Gewürze gibt, reduziert sich die Entscheidungsfreiheit entsprechend. Dennoch: Die Fähigkeit und das Ausmaß, über die Ausrichtung seiner Beobachtungen innerhalb gegebener räumlicher Bedingungen entscheiden zu können, begründen den menschlichen Willen, sein Ich und seine Freiheiten. Diese Willensfreiheit wird an dieser Stelle nicht vertieft, im weiteren Gang der Untersuchung aber mehrfach aufgegriffen und als zentrale Prämisse im Argument der Objektivierung von Wahrnehmungen ausgebaut.

Wie erwähnt, kommt es für meine Kausalitätstheorie zunächst auf die notwendige Verknüpfung des Dreiklangs von Räumlichkeit, Beobachtung und Beobachter an. Dabei ist gezeigt worden, dass der Beobachter notwendigerweise über ein Bewusstsein verfüge, in dem die Beobachtung wirke. Unter Rückgriff auf die zentrale Rolle des Beobachters sehe ich ihn und sein Bewusstsein als einen für Kausalität notwendigen „Raumumwandler", „Raumverknüpfer" oder „Raumsynthetiker". Ich betrachte ihn als eine über Millionen von Jahren evolutiv entwickelte Raffinerie, einen Energietransformator, der im Bewusstsein die weiter oben beschriebene Umwandlung von ursächlichen Wahrnehmungen, die bestimmte räumliche (physikalische) Eigenschaften aufweisen, in Wirkungen, die andere räumliche Eigenschaften aufweisen, leistet und so verschiedene Räumlichkeiten in neu erschaffenen Räumen verbindet. So stelle ich mir vor, wie das elektromagnetische Sonnenlicht zunächst biochemisch in elektrische Ladungen und Nervenreize und dann in die Wahrnehmung eines Farbspektrums, ggf. Blendungsschmerz und Wärmeempfinden, angenehme oder unangenehme Gefühle sowie Wortassoziationen (Begriffe und Gedanken) umgewandelt wird bzw. diese räumlichen Phänomene aus der Beobachtung des Lichts neu entstehen. Bestimmte räumliche Eigenschaften des Sonnenlichts bleiben in dem Beobachtungsakt außen vor, bspw. die nicht sichtbaren Bestandteile des ultravioletten Spektralbereichs des Lichts. Heute kann diese Strahlung auch sichtbar gemacht bzw. beobachtet werden und die Wirkung, bspw. als Sonnenbrand der menschlichen Haut, ist bekannt. Die räumliche Umwandlung von Energie in unterschiedliche Formen und die Beschreibung der Eigenschaften von Energiesystemen, die aus mehreren Teilen bestehen und miteinander wechselwirken, wird in der Physik unter dem Begriff der Thermodynamik erforscht und zusammengefasst.[7] Die im Bewusstsein als Beobachtungsakt ablaufende Umwandlung lässt sich demnach an ihrer räumlichen Bedingtheit festmachen und physikalisch als Änderungen von Energie- oder räumlichen Zuständen beschreiben.

---

7   Vgl. *Stierstadt* 2010, Thermodynamik, S. V und 4 f.

Durch die räumliche Bedingtheit jeder Beobachtung und jedes Beobachters öffnet und unterwirft sich der Vorgang der Empirie sowie Nachvollziehbarkeit im Sinne von möglicher Erfahrbarkeit. Im weiteren Verlauf untersuche ich unter Bezugnahme auf diese thermodynamischen Aspekte Bedingungen der räumlichen Umwandlung und anstelle nun für das Bewusstsein einen neuen Begriff wie bspw. „Raum- oder Energieumwandler" einzuführen, werde ich nur an geeigneter Stelle diese begriffliche Gleichsetzung hervorheben.

Während diese Raumumwandlung, -verknüpfung bzw. -erschaffung im Beobachtungsakt vermutlich für die Mehrheit aller Lebewesen gilt,[8] möchte ich an dieser Stelle einen spezifisch menschlichen Aspekt der Raumumwandlung durch Beobachtung behandeln: die Umwandlung von Wahrnehmungen und ihrer Wirkungen im Bewusstsein in sprachliche Symbole. Kant beschreibt diese Umwandlung als „synthetische Einheit der Apperzeption" und hierarchisiert sie als: den „höchste[n] Punkt, an dem man allen Verstandesgebrauch, selbst die ganze Logik, und, nach ihr, die Transzendental-Philosophie heften muss, ja dieses Vermögen ist der Verstand selbst."[9] Des Weiteren erklärt er, dass das Selbstbewusstsein, also „Ich denke, ..." immer a priori, d.h., bevor eine sinnliche Wahrnehmung, eine Erfahrung, überhaupt möglich ist, mitgedacht und mit den Wahrnehmungen (synthetisch) verknüpft werden müsse, damit der Vorgang überhaupt innerhalb eines (Selbst-)Bewusstseins geschehen könne.[10] Die Synthese besteht in der Verknüpfung von Sprache bzw. Begrifflichkeiten mit Wahrnehmungen. Wahrnehmungen könnten nicht analytisch aus sich selbst reproduziert, sondern müssten in

---

8   Vgl. *Köck* 2011, Neurosophie, S. 215. Hier werden Lebewesen charakterisiert durch einen exergonischen Stoffwechsel (d.h., sie geben stetig an die Umwelt mehr Energie ab, als sie aufnehmen), Wachstum und interne molekulare Replikation.

9   *Kant* [1787] 1974, Kritik Vernunft, B 132, S. 133 ff.

10 Vgl. ebd.

Sprache umgewandelt bzw. mit Hilfe von Sprache erklärt werden.[11] Kant hat dies pointiert: „Gedanken ohne Inhalt sind leer, Anschauungen ohne Begriffe blind. [...] Nur daraus, dass sie sich vereinigen, kann Erkenntnis entspringen.“[12] In der Notwendigkeit, bei jeder Wahrnehmung ein „Ich denke“ hinzuzufügen, damit sie möglich wird, sehe ich jedoch nicht wie Kant eine metaphysische Bedingung, die der Erfahrung bzw. Wahrnehmung zeitlich vorangeht, sondern die zuvor ausgeführte räumliche Bedingtheit von Erfahrung bzw. Wahrnehmung und die daraus mögliche Erkenntnis. Das (Selbst-)Bewusstsein muss irgendwo seinen Ort haben, damit dort die von Kant beschriebene Synthese aus Wahrnehmung und Begriffen zu Erkenntnis möglich ist. Denn wie sollte eine räumliche Änderung, d.i. hier ein bewusster Gedanke oder kognitiver Vorgang im Gehirn, möglich sein, bevor diese Änderung bzw. dieser Gedanke zumindest einmal zuvor räumlich geschah bzw. wirkte? „A priori“ im Sinne von Kant setzte voraus, dass eine solche Änderung bzw. räumliche Wirkung möglich sei, bevor sie selbst geschieht bzw. empirisch beobachtbar ist. Eine solche Voraussetzung wäre physikalisch nicht messbar, entzöge sich der Empirie gänzlich und wäre damit in seiner Existenz genuin frei. Ein solches „a priori“ könnte nie direkt betrachtet oder veranschaulicht werden, sondern offenbarte sich nur als gedanklicher Schluss, der mit Hilfe von räumlich vorhandenen Umschreibungen oder Ausdrücken, die beobachtbar sind, ausgeführt wird. Auch eine (unbewusste) Erinnerung an zuvor Erlerntes oder Erkanntes (bspw. die Grammatik der Muttersprache oder Axiome der Mathematik) ist räumlich bedingt und sei es als bloße gedankliche Vorstellung bzw. Aktualisierung von zuvor (von anderen, auch längst verstorbenen Personen) gemachten Beobachtungen im Gedächtnis

---

11 Vgl. ebd. an vielen unterschiedlichen Stellen: B 13, A 9 f.; B 94, A 69; B 119 f., A 87.
12 Ebd., B 76 f., A 52.

oder Unterbewusstsein. Ich stelle mir einen solchen Vorgang physikalisch wie ein biochemisch-elektrisches Auf- oder Entladen bzw. Aktivieren bestimmter Hirnregionen oder Nervenzellen vor. Diese (räumliche) Erfahrung der (unbewussten) Aktualisierung ist notwendigerweise Teil einer Beobachtung, die mit diesen bereits gemachten Erfahrungen arbeitet und weitere Erfahrungen bzw. Beobachtungen hinzufügt, und insofern stets empirisch nachvollziehbar. Im Übrigen ist der von Kant in seiner transzendentalen Ästhetik unterschiedene zeitliche Aspekt (es ist keine Wahrnehmung außerhalb von Raum und Zeit möglich)[13] für mich irreführend und sogar überflüssig, da sich der Begriff Zeit auf die Veränderung räumlicher Zustände innerhalb eines Bezugssystems reduzieren lässt; der Begriff Zeit also auch durch „Raumänderung" ersetzt werden könnte.[14]

An das Gesagte anknüpfend, möchte ich Kants Einführung des „a priori" weiterentwickeln: Angenommen ein „a priori" sei für eine bewusste Wahrnehmung notwendig, dann könnte diese Bedingung der Wille zur Beobachtung sein. Anstelle „Ich denke", müsste dann ein „Ich will (diese oder jene Beobachtung machen)" einer jeden bewussten Wahrnehmung a priori vorausgesetzt werden, damit sie möglich wird. Ohne den Willen, sein Bewusstsein auf bestimmte Räumlichkeiten auszurichten, wird keine gewollte Wahrnehmung

---

13   Vgl. *Kant* [1787] 1974, Kritik reine Vernunft, B 37 ff.
14   Eine übliche Vorstellung vom Vergehen der Zeit ist das Voranschreiten der Zeiger auf einer Uhr. Dabei handelt es sich um die räumlich veränderte Position der Zeiger bzw. Bewegungen, nämlich die Rotation kleiner Teilchen im Uhrwerk, der Energieabgabe der Batterie etc. Selbst die genormte Weltzeit bzw. Sekunde bezieht sich auf die Messung der Ausbreitungsgeschwindigkeit von Licht oder die Frequenz, d.h. Länge einer Welle, von radioaktiver Strahlung beim Zerfall eines chemischen Elements; dies sind alles räumliche Änderungen bzw. Bewegungen. Ebenso beziehen sich andere übliche Zeitvorstellungen, das Vergehen von Tag und Nacht, die Jahreszeiten etc. auf räumliche Änderungen bzw. Bewegungen (Eigenrotation der Erde im Weltall auf einer Bahn um die Sonne).

zustande kommen bzw. wirken können. Wenn eine Person aufgefordert ist, sich den schönen Vollmond anzuschauen, diese Person aber partout den Mond nicht wahrnehmen möchte, also stetig die Augen schließt oder in andere Richtungen schaut, wird die Wahrnehmung des Mondes auf die nicht wollende Person nicht so wirken können, wie die auffordernde Person es gern erwirkt und gesehen hätte. Der Wille könnte ggf. auch genuin die von Kant postulierte Qualität des Metaphysischen aufweisen: Wenn der Wille notwendigerweise stets einer bewussten, d.h. gewollten, Beobachtung vorangehen muss, um sie möglich zu machen, entzieht sich der Wille selbst einer Beobachtung, ergo der Empirie, und verschiebt sich in die Metaphysik. Paradoxerweise ist jedoch Räumlichkeit notwendig, damit der Wille sich materialisieren bzw. etwas bewirken kann.

Mit der räumlichen Bedingtheit öffnet sich der Wille der Falsifikationsmöglichkeit durch Empirie. Dieses Argument deckt sich mit der Alltagserfahrung: Nur weil ich etwas will, bspw. viel Geld besitzen, heißt dies noch lange nicht, dass sich dieser Wille nur aufgrund seiner Existenz in der Wirkung „viel Geld auf dem Konto haben" tatsächlich räumlich materialisiert! In diesen Gedanken füge ich den sehr speziellen Akt einer Beobachtung mit dem groben Begriff des Willens zusammen. Tatsächlich erlebe ich selbst es nicht so, dass eine gewollte Beobachtung, bspw. die Betrachtung eines Blumenblatts, ohne Weiteres möglich ist. Der menschliche optische Beobachtungsakt lässt sich nicht auf einen bestimmten Zeitabschnitt, innerhalb dessen ein einzelner Punkt des Blumenblatts betrachtet wird, reduzieren. Vielmehr wandert der Blick über und um das Blatt umher und erfasst eine Vielzahl von Merkmalen in einer Reihe von Beobachtungen, die der Absicht dienen, das Blumenblatt in seiner Gänze wahrzunehmen. Die Fixierung des Blicks auf einen einzelnen Punkt fällt mir eher schwer und erfordert eine größere Anstrengung. In diesem Zusammenhang stelle ich mir den Willen als eine Trägheit oder Schwerkraft vor, die eine Reihe von Beobachtungsakten durchwirkt und auf eine Absicht bzw. ein Wollen hin ausrichtet. Bezogen auf das Beispiel „viel Geld haben zu wollen" bedeutet dies, dass der Wollende und kein Geld auf dem Konto Habende eine Reihe von Beobachtungsakten und Tätigkeiten ausführen muss (bspw. viel arbeiten), damit sich dieser Wille empirisch bewahrheiten lässt. Die Festlegung, wie viel Geld in der empirischen Überprüfung des Willens „viel Geld haben zu wollen" entspricht, ist in diesem Kontext eine nachgelagerte Fragestellung.

Ohne die räumliche Bedingtheit und damit der Möglichkeit, Wirkungen zu beobachten, bliebe der Wille aufgrund seiner metaphysischen und subjektiven Qualitäten unbestimmbar. Gleichzeitig begründen diese Qualitäten die Willensfreiheit, denn Räumlichkeit ohne Willen ließe sich auf ein bloßes naturgesetzlich determiniertes Zusammenwirken von Materie reduzieren. In einer solchen Welt hätte der Mensch keine Möglichkeit, in den Ablauf der Welt einzugreifen und ihn zu verändern. Er trüge keine Verantwortung und wäre lediglich passiver Zuschauer. Die alltägliche Erfahrung lehrt jedoch, dass, unter Beachtung der in der jeweiligen Situation vorherrschenden Lebensbedingungen, jeder Mensch durchaus befähigt ist, die Welt willentlich zu verändern. Ob und wie weit solch ein Wirken in der Welt mit dem Willen bzw. der Absicht übereinstimmt, lässt sich, wie beschrieben, empirisch überprüfen. Wenn ein Wüstenbewohner den Wunsch hat, einmal die sattgrünen Wälder Nordeuropas zu sehen, muss er sich schon auf den Weg machen und dorthin reisen oder mindestens sich Fotos davon anschauen. Ansonsten wird der Wille stets unerfüllt bzw. empirisch unbelegt und ein Traum bzw. metaphysisch-subjektiv bleiben. Wäre der Wille aufgrund seiner metaphysisch-subjektiven Qualitäten also grundsätzlich frei, muss er, um sich zu materialisieren und erfahrbar zu werden, räumlichen Bedingungen unterwerfen. Innerhalb des Bewusstseins und der Gedankenwelt sind diese räumlichen Bedingungen wenig einschränkend. Der Fantasie, dem Träumen und daraus entstehenden Wunschwelten sind praktisch keine Grenzen gesetzt: Menschen verschmelzen mit Tieren, bekommen Flügel und können fliegen oder werden zu Cyborgs, die Düsenantriebe haben und in den Weltraum fliegen. Andere malen sich aus, dass sie Superkräfte haben oder in ganz anderen Welten leben, wo es keine Schwerkraft gibt usw. usf. Sobald aber dieser Wille über die metaphysisch-subjektive Dimension hinaustritt und sich der empirischen Falsifikation stellt, zerspringen die Fantasieblasen an der harten naturgesetzlichen Realität. Der Traum der Superkraft verblasst und wird durch Schwerkraft und die eigenen Muskelkräfte ersetzt. Letztere können gegen die Schwerkraft eingesetzt werden, aber schon das Aus-dem-Stand-Springen in eine Höhe von 1 m dürfte für die Mehrheit der Menschen unmöglich sein.

Wenn und soweit der Wille besteht, etwas Bestimmtes in der Welt zu bewirken oder zu erfahren, ist dieser Wille also genötigt, sich den Regeln der weltlichen Erfahrung zu ergeben. Als Lohn der Unterwerfung winkt die Möglichkeit, sich die Regeln eigen zu machen und zu nutzen, um sich selbst in der Welt zu entfalten und so doch – schritt- und näherungsweise – zu seinem Ziel zu gelangen. Voraussetzung dafür ist, die Regeln der Welt zu erkennen und zu verstehen. Insofern stimme ich mit Kant überein, dass jede Erkenntnis der Welt und ihrer Regeln bzw. Natur- oder sonstigen Gesetze eine metaphysisch-subjektive „a priori"-Voraussetzung enthält, allerdings ist es meiner Ansicht nach nicht eine bestimmte Art von „Ich denke" oder einer „reinen Vernunft", sondern der Wille, etwas erkennen zu wollen bzw. der Wille zur Einsicht. Darin enthalten ist die Bereitschaft, sich auf die Welt einzulassen und sich ihr hinzugeben, sie als Beobachtung auf sich wirken zu lassen und sich damit den Möglichkeiten der Empirie zu öffnen. Die Vernunft kommt nachgelagert, als Fähigkeit, den Erkenntnisakt und damit die Wahrnehmung der Welt in einer speziellen Art und Weise durchzuführen bzw. zu verarbeiten, ins Spiel. Im Folgenden möchte ich demnach herausarbeiten, welchen Entscheidungsspielraum, sprich Freiheit, der Wille hat und sich der Wille mittels vernünftig verbundener Beobachtungen vergegenständlichen kann und damit Erkenntnis und Wahrheit ermöglicht.

2. Das handelnde „Ich",
Möglichkeitsraum und Objektivierung

Um zu entschlüsseln, mit welcher Methode sich der Wille vom subjektiven und empirisch unbeobachtbaren Wollen in ein empirisch erfahrbares Sein transzendiert und sich objektiviert, zerlege ich den Beobachtungsakt in seine elementarsten Bestandteile. Dies führt zu einer starken Abstraktion, legt aber im Gegenzug die entscheidenden Vorgänge offen. Weitere Veranschaulichungen und Versuche, das entworfene Gedankengebäude anhand lebhafter Beispiele zu belegen, folgen weiter unten. Ich bitte den Leser hier um etwas Geduld.

Ausgangspunkt meines Freiheitsverständnisses sind das handelnde „Ich" und seine Willensfreiheit, verschiedene Beobachtungen wollen zu können. Diese Willensfreiheit ist von Natur aus subjektiv, persönlich und unveräußerlich: Jedes Ich bzw. jede Person ist frei, Vorstellungen zu haben, zu träumen, innerliche Wünsche zu hegen und Fantasien zu erdichten, die keinen Bezug zu irgendeiner empirischen Realität haben müssen. Diese Gesamtheit bewusster Vorstellungen, Wünsche oder Sehnsüchte spannen einen persönlichen Möglichkeitsraum auf. Letzterer lässt, in Abhängigkeit der Bedingungen und Zustände, die auf die Person zum Zeitpunkt des Wollens einwirken, eine Sortierung der persönlichen Willensfreiheit zu, nach Vorstellungen oder Wünschen in Möglichkeiten, die unmittelbar realisiert werden können, und andere, für deren Realisierung eine Reihe von relevanten Bedingungen und Voraussetzungen zu erfüllen sind, bevor sie Realität würden, bis hin zu solchen Vorstellungen und Wünschen, die als reine Fantasien, ohne Realitätsbezug, eingestuft werden können. So könnte ein persönlicher Möglichkeitsraum bspw. die Vorstellungen enthalten, ein Glas Wasser trinken und etwas Brot essen zu wollen, in Sicherheit einen Spaziergang zu unternehmen, ein neues Kleid zu kaufen, einen Freund zu besuchen, die Liebe des Lebens zu finden, ein Unternehmen zu gründen, ein Haus zu kaufen, Ruhe haben zu wollen, Astronaut zu werden, ein Popstar zu sein, zum Mond zu fliegen, ohne Ziel umherzulaufen, seine fehlende Sehkraft durch eine Verschmelzung der Nerven mit elektrooptischen Technologien zu ersetzen, selbst fliegen zu können, Millionär zu sein, eine neue Sprache zu sprechen, ein Vampir zu werden usw. usf. In Abhängigkeit der konkreten äußerlichen sowie innerlichen Umstände, Vermögenswerte und Fähigkeiten der Person sind einige dieser Möglichkeiten einfacher zu realisieren als andere und damit klar im Bereich des Möglichen oder eher im Bereich des Unmöglichen. Das bedeutet, dass der Überführung des subjektiven Wollens und Ichs in ein materielles und objektivierbares Sein Grenzen gesetzt sind.

Den persönlichen Möglichkeitsraum bzw. die persönliche Freiheit eines Beobachters verstehe ich damit zweigelagert als einerseits die Anzahl seiner persönlichen Beobachtungsmöglichkeiten, die er wollen bzw. sich vorstellen kann, und andererseits aus dieser Menge die Anzahl derjenigen Beobachtungsmöglichkeiten, die er auch realisieren kann. Für diese Untersuchung sind insbesondere diejenigen Beobachtungsmöglichkeiten relevant, die realisierbar und empirisch nachweisbar sind. Demnach sei die persönliche Freiheit größer, je mehr ein Beobachter über realisierbare Beobachtungsmöglichkeiten (d.h. mögliche Handlungen) verfüge. Die nachstehende abstrahierende Abbildung veranschaulicht zwei Beobachter, A und B, als

Punkte im Zentrum. Von ihrer jeweils aktuellen räumlichen Position aus, verfügen sie jeweils über eine Reihe unterschiedlicher realisierbarer Beobachtungsmöglichkeiten und können sich jeweils für eine davon entscheiden (dies schließt die Möglichkeit ein, in der aktuellen Position zu verharren).

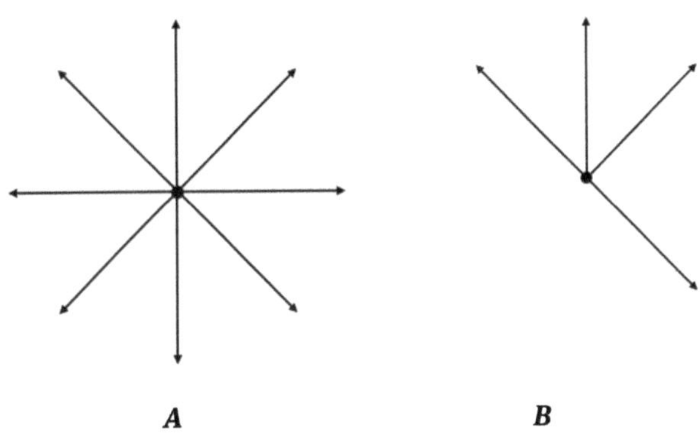

Die Menge ihrer Handlungsmöglichkeiten umschreibt die Freiheiten und Grenzen ihrer jeweiligen Welt. Innerhalb ihrer jeweiligen Welt können die Beobachter die eine oder andere Handlung beabsichtigen und sich für die entsprechende Umsetzung entscheiden, sich selbst oder bestimmte Gegenstände in Bewegung setzen, Aussagen machen oder Fragen stellen usw. usf. Jeder Person steht es in ihrer Welt offen, sich ohne vorab festgelegte Absichten – ohne ein Ziel zu haben – in der Welt zu bewegen. Diese Entscheidung befindet sich dennoch innerhalb der Menge ihrer Handlungsmöglichkeiten und ist damit Teil eines jeden persönlichen Möglichkeitsraums. In der Abbildung verfügt Beobachter A über einen größeren Möglichkeitsraum, eine größere Freiheit bzw. Welt, als Beobachter B. In Absehung einer inhaltlichen Konkretisierung von Handlungsmöglichen und Wünschen verfügt in der Abbildung A über Handlungsmöglichkeiten, die

B vielleicht will und sich wünscht, aber nicht realisieren kann. Dieser Punkt ist insbesondere relevant, wenn A und B unter vergleichbaren äußerlichen und innerlichen Bedingungen leben und über vergleichbare körperliche und geistige Fähigkeiten verfügen, bspw. Klassenkameraden in einer Schule sind, aus benachbarten Stadtvierteln stammen, aber unterschiedlich viel Geld für die Beschaffung von Kleidung oder Spielsachen haben usw. usf.

Welche Rolle spielt nun Kausalität für die Materialisierung des Ichs und seinen Möglichkeitsraum? Die Antwort lautet, dass ohne Kausalität das Ich nicht wüsste, ob es selbst eine gewollte Wirkung verursacht oder nicht. Es könnte sich seiner Eigenwirkung, seiner materiellen Existenz nicht sicher sein. Dementsprechend würde sich der Möglichkeitsraum eines Beobachters ununterbrochen verändern und von zufälligen, fremdbestimmten Konstellationen abhängen. Der Beobachter wäre nicht in der Lage, die Wirkungen unterschiedlicher Beobachtungen a priori zu kennen bzw. einschätzen zu können. Die Abschätzung und Einstufung der „Realisierbarkeit" möglicher Beobachtungen würde entfallen. Ein Beobachter würde laufend neue Erfahrungen machen, wäre vom Zufall abhängig und könnte keine selbstbestimmten Handlungen unternehmen, er wäre unfähig, die Folgen seines Handelns zu erkennen, und damit verantwortungslos dem bunten und wilden Treiben des Seins ausgeliefert, ohne Fähigkeit, sein Leben wie gewollt auszurichten. Er wäre auch nicht in der Lage, die zum „Startzeitpunkt" (den ersten Beobachtungen oder Erinnerungen) bestehenden Beobachtungsmöglichkeiten zu erhalten, nachdem er sich für eine Beobachtung entschieden hat. Es wäre unmöglich, zum „Ausgangspunkt" zurückzukehren, in der Erwartung die „ursprünglichen" Beobachtungsmöglichkeiten wieder aufzufinden, da er keine „Spur" legen könnte, dessen Wirkung es wäre, den Weg „nach Hause" zu finden. Mit anderen Worten ermöglicht Kausalität die Verankerung, Erhaltung, Strukturierung und Orientierung von Beobachtungsmöglichkeiten im „Ich" des Beobachters, indem die Auswirkungen eines Teils der möglichen Beobachtung a priori erkennbar und in die Willensbildung zur Entscheidung für oder gegen eine Handlungsmöglichkeit einbezogen werden kann.

Das besondere Charakteristikum kausaler Beobachtungsmöglichkeiten ist, dass sie wiederholt werden können, indem bestimmte Beobachtungsbedingungen angenommen, markiert und eingehalten werden. Die nachstehende Abbildung ergänzt den Möglichkeitsraum um die kausale Ebene, die sich in Form von Wissen über Beobachtungswirkungen anzeigen lässt. Dieses Wissen ist nicht diskret, sondern graduell. Ein Beobachter vermag die Auswirkungen einiger bestimmter Beobachtungen auf Basis seines kausalen Wissens bis ins Detail und sehr genau – deterministisch – a priori vorherzusagen (ein Glas Wasser holen und trinken, das Fenster öffnen etc.), während er für andere Beobachtungen nur prinzipielle Einschätzungen bzw. Wahrscheinlichkeiten für bestimmte Wirkungen angeben kann (ein Haus kaufen, Astronaut werden etc.). Die graduelle Abstufung des kausalen Wissens ist in der Abbildung durch die abnehmende Farbintensität dargestellt (hohe Intensität = deterministisches kausales Wissen). Im Zentrum steht das handelnde Ich des Beobachters, welches durch Kausalität abgesichert und abgrenzbar wird.

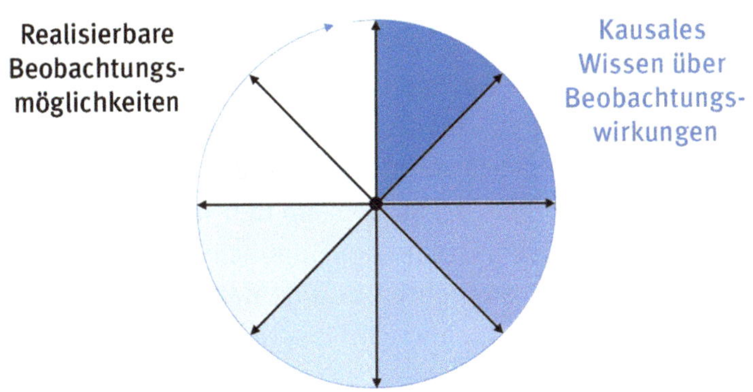

Zur weiteren Untersuchung, wie sich das Ich innerhalb seines Möglichkeitsraums objektivieren kann und welche Rolle Kausalität in diesem Kontext spielt, möchte ich zunächst genauer auf den Beobachtungsakt, der jeder Handlung zugrunde liegt, eingehen. Notwendige Bestandteile eines Beobachtungsaktes sind, dass er gewollt sei, im Sinne einer Fokussierung der Aufmerksamkeit, und sich der Empirie unterwerfe, d.h., im strengen Sinne räumlich erfahrbar sei. Die Fokussierung der Aufmerksamkeit enthält die (freie) Willensentscheidung, die Beobachtung eines bestimmten Raumteils vorzunehmen, seine Aufmerksamkeit auf einen bestimmten Raumteil zu fokussieren und damit zeitgleich alle übrigen Raumteile nicht zu beobachten. Dies führt zur allgemeinen Unterscheidung eines beobachteten Raumteils („bRT") und nicht beobachteten Raumteils („nbRT"), die jedem Beobachtungsakt immanent ist. Die räumliche Erfahrbarkeit bedeutet, dass jede Beobachtung räumlich bedingt ist und wenn der Beobachter einen bestimmten Raumteil fokussiert und wahrnimmt, diese Beobachtung unter den zu diesem Zeitpunkt gegebenen Bedingungen und Zuständen aller nbRT erfolgte. Die Existenz des nbRT ist insofern unauflöslich mit jeder Beobachtung verbunden. Der unendlich große und unbestimmte nbRT ist der (ganze) Raum, innerhalb dessen jede Beobachtung wirken kann und erfahrbar wird. Zugespitzt formuliert, umfasst der nbRT das ganze Universum bzw. die gesamte Existenz. Innerhalb dieses nbRT existiert ein fester Bezugspunkt, sozusagen als Gegenseite jeglicher Beobachtung von etwas, und zwar das Bewusstsein des Beobachters. Es ist räumlich vorbedingt, Teil des nbRT und nicht willentlich wählbar, aber der Ort, an dem ich den Willen am stärksten wirken sehe. Dieses Bewusstsein des Beobachters („$nbRT_B$") kann Sinnesorgane im nbRT ausrichten und ist damit derjenige Raumanteil, in dem der bRT wirkt, und wird insofern vom „Rest der Welt" unterschieden.

Zusammengedacht, fasse ich $nbRT_B$ und bRT versuchsweise als konstituierende Elemente des „Ich" auf. Die Vereinheitlichung aus dem unbeobachtbaren Bewusstsein und den beobachteten Raumteilen im „Ich" interpretiere ich, in Orientierung an Descartes und Fichte, als das Fundament jeglichen Wissens.[15] Abgegrenzt von allen nicht beobachteten Raumteilen bildet dieses „Ich" die Grundlage für alle weiteren Erkenntnisse und Erfahrungen. Aufgrund der Notwendigkeit eines Raums, in dem eine Beobachtung wirken kann – gleich einem Resonanzkörper –, ist eine ganzheitliche Wahrnehmung, d.h., dass der bRT dem $nbRT_B$ vollständig entspricht, unmöglich. Das menschliche Bewusstsein kann nicht zugleich einen Raumteil und sich dabei unmittelbar selbst beobachten, was auch mit der Metapher des „blinden Flecks" umschrieben wird. Ich finde auch die Metapher eines Resonanzkörpers, der benötigt wird, damit bestimmte Töne und Schwingungen überhaupt erst verstärkt und wahrnehmbar werden, indem die Eigenschwingung des Resonanzkörpers angeregt wird, sehr passend. Der Beobachter bzw. sein $nbRT_B$ wird zum Resonanzkörper. Daraus lässt sich weiter deduzieren, dass keine Beobachtung die ganze Welt bzw. das Universum umfassen kann, da der bRT nie dem $nbRT_B$ entsprechen kann und damit stets kleiner als der nbRT sein muss.

Das Bewusstsein vermag aber jeder Beobachtung geistig eine Ursachen- und Wirkungsseite hinzuzufügen und sie damit zu *kausalieren*. Mit Hilfe dieses, von mir als *Kausalierung* bezeichneten, Synthesevorgangs schreibt das Bewusstsein dem bRT eine Wirkung auf sich selbst zu und setzt den bRT mit einer Ursache gleich, die außerhalb des eigenen Bewusstseins und innerhalb des nbRT liegt. Diese Vereinheitlichung bezeichne ich nachfolgend als *Kausaleinheit*. Ich behaupte, dass dieses Vorgehen die Voraussetzung für jegliches

---

15   Vgl. *Precht* 2017, Erkenne dich selbst, S. 525.

Erkennen sei sowie den Kern von Kausalität umschreibe, und möchte dies nachstehend mit Hilfe einer Abbildung weiter veranschaulichen.

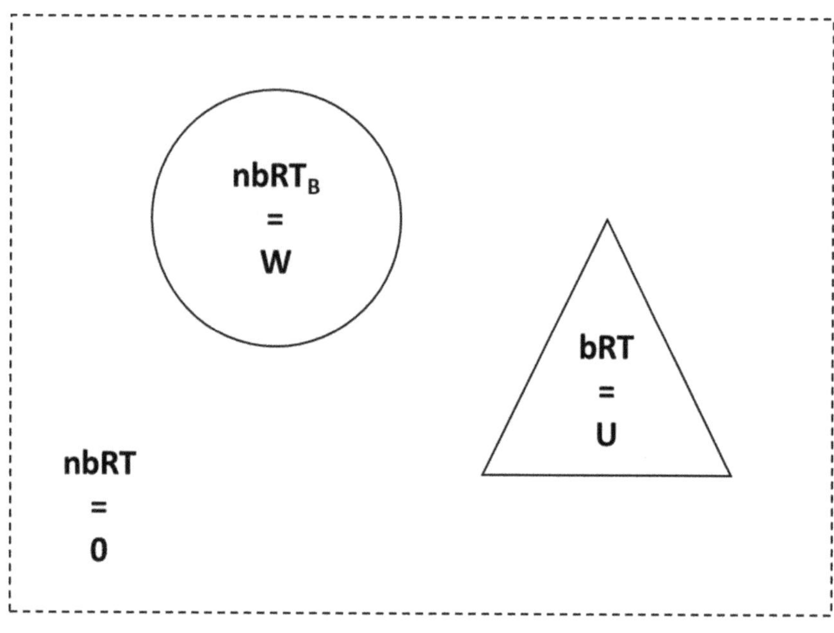

$$W = U + 0$$

Die Kausalierung vollzieht sich schrittweise als Raumumwandlung im Bewusstsein: Der erste Schritt ist die Erfahrung der Beobachtung als Wirkung W im Bewusstsein. Davon abgegrenzt existiert der bRT und alle nicht beobachteten und sonstigen Raumteile, die während des Beobachtungsakts existieren und damit den Zustand des nbRT$_B$ und den bRT, räumlich bedingen. Der Wirkungsseite W gegenübergesetzt wird also einen Ursachenseite U, die den bRT enthält. Die insgesamt vorherrschenden und nicht beobachteten Raumteile nbRT, die für die Zustandsbeschreibungen des nbRT$_B$ und den bRT notwendig sind, aber nicht dem eigentlichen Beobachtungsinteresse gelten, lassen sich in neutraler Form entweder der Ursachenseite U hinzufügen oder von der Wirkungsseite W abziehen. Kausalität lässt sich damit allgemein zusammenfassen in eine symbolische Gleichung:

Wirkung = Ursache + null

Die formale Gleichsetzung unterschiedlicher Beobachtungen symbolisiert die Identität bzw. Einheit der Kausalität. Die Null steht für den unbeobachteten Raum, der stets notwendige Voraussetzung für eine Beobachtung ist. Denn wenn es einen beobachteten Raum gibt, muss es auch einen davon verschiedenen, nicht beobachteten Raum geben, innerhalb dessen die Beobachtung wirkt. Innerhalb dieses offenen und unbeobachteten Raums spielen sich alle unbeobachteten „Nebenwirkungen" ab.

Prinzipiell ist die Gleichung zeitlos, sodass auch gilt Ursache = Wirkung – null. Dennoch habe ich sie in obiger Form aufgeschrieben, da sie so die traditionelle zeitliche Empfindung und logische Notwendigkeit, dass Ursachen stets den Wirkungen vorangehen müssen, aufbricht. Ursache und Wirkung müssen notwendigerweise zeitgleich existieren, das menschliche Bewusstsein kann jedoch stets nur Wirkungen beobachten. Für die Konstruktion von Kausalität ist die zeitliche Reihung von Wirkungen eine menschlich-geistige Notwendigkeit, da der Mensch erst durch weitere, zeitlich nachfolgende Beobachtungen sowie anhand symbolischer Hilfsmittel, auf einen während der vorigen Erfahrung unbeobachteten, aber als ursächlich bestimmten Raumteil verweist. Der Mensch ist befähigt die Beobachtungsbedingungen, insbesondere den Anfang und das Ende eines Beobachtungsaktes und weitere räumliche Bedingungen, bspw. die Position des Beobachters usw., zu bezeichnen. Die Bezeichnung natürlicher Ereignisse als Ursache einer Wirkung ist demnach eine echte anthropologisch-logische Notwendigkeit, aber in physikalischer Hinsicht willkürlich.

Die Fähigkeit des Beobachters, eine erfahrene Wirkung auf eine außerhalb von ihm liegende Ursache oder eingehenden Impuls zurückzuführen, legt damit den Grund für die Ausbildung einer Selbsterfahrung und des personalen „Ichs", wie oben beschrieben. Das „Ich" ist es, welche die Wirkung erfahren hat und in bestimmten Zusammenhängen kann diese Wirkung auch speziell für dieses Ich gewollt worden sein und kann damit die Vorstellung einer eigenen und einzigartigen Persönlichkeit festigen. Die Erkenntnis einer Kausaleinheit und die sich daraus ergebende Fähigkeit, vorausschauend – a priori – eine bestimmte Wirkung absichtlich herbeizuführen (das „Ich" möchte eine Wirkung herbeiführen), bilden ebenso das „Ich" bzw. Selbstverständnis aus. Die letztgenannte „Ich-Bildung" stärkte eher die bewusste Willensausübung und das Gefühl von Macht, über das eigene Ich bzw. Schicksal – ggf. auch von anderen – zu verfügen. Demgegenüber stärkte die erstgenannte „Ich-Bildung", nämlich die Fähigkeit, eine erfahrene Wirkung auf eine von außerhalb meines Körpers einwirkende Ursachenquelle auf sich zu beziehen, den Eindruck des Auserwähltseins, der Einzigartigkeit. In späteren Abschnitten greife ich die psychologischen Aspekte der Kausalität auf und widme mich zunächst näher dem Kausalierungsvorgang und den Bedingungen, die vorliegen müssen, um Kausaleinheiten erfolgreich zu konstruieren.

Versuchsweise veranschaulichen lässt sich die Kausalierung als die Empfindung der Wärme der Sonnenstrahlen, ohne zu wissen oder zu bedenken, woher sie kommt, ob sie sich intensiver als etwas anderes anfühlt, wie das Gefühl zustande kommt usw. usf., also nur die Wahrnehmung der Empfindung oder des isolierten Reizes. Sicher ist nur, dass ich es bin, der den Reiz empfindet, und dass die Ursache für die Reizempfindung außerhalb des eigenen

Bewusstseins liegt, versuchsweise ursächlich verortet in den Sonnenstrahlen (der bRT), die von irgendwo herkommen und mich bzw. meine Sinnesorgane und mein Bewusstsein erreichen und die Wärmewirkung in meinem Bewusstsein entfalten (der nbRT$_B$). Die Möglichkeit, eine solche Beobachtung zu machen, hängt von der Gesamtheit aller zum Beobachtungszeitpunkt bestehenden räumlichen Bedingungen, auch den nicht beobachteten, ab. Wenn es zu diesem Zeitpunkt keinen Weltraum, keine Sonne und keine Sonnenstrahlen gäbe oder Wolken die Sonne verdunkeln würde, der Beobachter kein geeignetes Organ (Auge, Haut) hätte usw. usf., könnte der Beobachter die Beobachtung nicht verwirklichen. Zugespitzt formuliert beinhaltet der nbRT also das gesamte während des Beobachtungsakts bestehende Universum, also einen unendlich großen und damit grundsätzlich in seiner Gänze stets nicht beobachtbaren Raumteil. Demgegenüber steht ein verhältnismäßig kleiner physikalischer Raum, die Wirkung im nbRT$_B$, der sich vermutlich physikalisch als ein bestimmter elektrochemischer Zustand im Körper des Beobachters, die Wärmeempfindung durch Sonneneinstrahlung auf der Haut, messen lässt. In der Erfahrung dieser Wirkung unbeobachtet bleiben die sonstigen Auswirkungen der Sonnenstrahlen, die vom Beobachterbewusstsein nicht bemerkt werden, bspw. die ultravioletten und potentiell schädlichen Strahlungsanteile oder die Quelle der Sonnenstrahlen usw. usf.

Nachdem im ersten Schritt nun die beiden Seiten einer Beobachtung bezeichnet wurden, gilt es diese Erfahrung der weiteren empirischen Bearbeitung zu öffnen, d.h., im engeren Sinne die Erfahrung hinreichend genau wiederholbar zu machen. An dieser Stelle sei ausgeführt, dass ich davon ausgehe, dass eine exakte Wiederholung der Beobachtung unmöglich und ausgeschlossen ist. Die Begründung hierfür liegt darin, dass für eine exakte Wiederholung einer Beobachtung alle zum Zeitpunkt der ursprünglichen

Beobachtung vorherrschenden Bedingungen, also prinzipiell der unendlich große nbRT – das gesamte Universum – sowie das Bewusstsein, der $nbRT_B$, bekannt sein und in der Wiederholung genau dieselben Zustände einnehmen müssten. Aufgrund der schieren Größe der Bedingungen und prinzipiellen Uneinsehbarkeit dieser, ist diese Voraussetzung nicht zu erfüllen. Zusätzlich gilt, dass wenn ein Beobachter eine Beobachtung gemacht hat, sich diese Beobachtung als Wirkung im Bewusstsein des Beobachters niederschlägt und damit die räumlichen Voraussetzungen des Beobachterbewusstseins in einer hypothetischen zweiten Beobachtung, in der sich ansonsten alle Bedingungen des Universums im nbRT nicht verändert haben, verändert haben. Im engen Sinne ist es nicht derselbe Beobachter, der die zweite Beobachtung macht, sondern ein – je nach Beobachtung – leicht veränderter. In der Physik ist bereits mit Ausreizung der mechanischen Physiktheorien eingesehen worden, dass die exakte Wiederholung einer Beobachtung physikalisch ausgeschlossen ist.[16]

Demnach handelt es sich meiner Ansicht nach bei der Öffnung von Erfahrungen für die Empirie um eine „Potentialbildung" für die Wiederholung einer Beobachtung, wobei das maximale Potential einen vernachlässigbar kleinen Unterschied zur ursprünglichen Beobachtung enthält. Der Beobachter ist also herausgefordert, die Wiederholung der Beobachtung hinreichend genau zu ermöglichen, um die erfahrene Wirkung zu „transportieren" und mitzuteilen, ihr Potential wirken zu lassen. In diesem anfänglichen Momentum besteht der Wille also darin, in einem weiteren Bearbeitungsschritt der Kausalierung durch einen Handlungsakt einen zusätzlichen beobachtbaren Raumteil – ein Symbol – auszuformen, das über sich selbst hinaus auf die zuvor erfahrene Wirkung verweist. In der Wahrnehmung des

---

16   Vgl. *Frank* [1932] 1988, Kausalgesetz, S. 192 ff.

Symbols besteht dessen Wirkung dann darin, über sich selbst hinaus auf eine andere (in der Beobachtung des Symbols nicht enthaltene) Wirkung zu verweisen und miteinander synthetisch zu verbinden oder zu verketten. Dieser Verweis ist räumlich erfahrbar, symbolhaft und enthält den Willen des Beobachters, sozusagen als einen metaphysischen Fingerzeig. Letzterer besteht in der Absicht auf eine zuvor von ihm in seinem Bewusstsein erfahrene Wirkung hinzuweisen und damit seine Wahrnehmung bzw. gemachten Erfahrungen zu vergegenständlichen. Ergo kann dieses räumliche Symbol als eine Verkörperung des Willens und mit ihm verbundener Beobachtungsbedingungen, als eine Art Bedienungsanleitung für weitere Beobachtungsakte verstanden werden. Das Ich und sein Wille werden durch die räumliche Symbolisierung transzendiert, objektiviert und erfahrbar gemacht. Dies schafft die Voraussetzungen für eine näherungsweise Wiederholbarkeit der Erfahrung und um sich mitzuteilen. Im bewusst ausgeformten symbolischen Raumteil wird der Wille in der Ursachenseite des Symbols verortet und verweist in der Wirkung des Symbols über sich selbst hinaus auf einen anderen Raumteil (nämlich auf die in der ersten Beobachtung gemachte Erfahrung).

Sofern das Symbol und die in es hineingelegten Beobachtungsbedingungen in einer weiteren Beobachtung der Absicht entsprechend entschlüsselt werden und damit die Wirkung des Symbols im Beobachter auch wie beabsichtigt wirken, kann der Beobachter dann die im Symbol angezeigte ursprüngliche Beobachtung selbst machen und damit näherungsweise diese ursprüngliche Beobachtungserfahrung selbst machen bzw. wiederholen. Zumindest ermöglicht dieser Vorgang die Schlussfolgerung und Falsifikation, dass eine Beobachtung einer anderen Beobachtung entspricht und (näherungsweise) identisch ist. Diese Öffnung des empirischen Raums für eine Identifikation oder Gleichsetzung ist ein Schlüsselaspekt der

Theorie und führt in das Gebiet der Logik über[17]. Denn zwar ist der Beobachter nun in der Lage, anzunehmen bzw. zu schlussfolgern, dass er die ursprüngliche Beobachtungserfahrung identifiziert und wie beabsichtigt wiederholt hat, aber aufgrund der prinzipiellen Unmöglichkeit eine Beobachtung exakt zu wiederholen, verbleibt eine Unsicherheit, ob dies auch tatsächlich der Fall ist. Die Frage ist nun, wie ein Beobachter feststellen kann, ob der Wille wie beabsichtigt erkannt und der richtige Schluss hinsichtlich der Identität der erfahrenen Wirkungen gezogen wurde. Während die anfängliche Erschaffung von Symbolen der Objektivierung von Willen und Erfahrungen diente und in ihrer Ausdrucksform – abgesehen von den vorgegebenen weltlichen Bedingungen – frei ist, nötigt die Verständnisfrage, ob ein Symbol wie beabsichtigt entschlüsselt bzw. die Beobachtung wie beabsichtigt wiederholt wurde, das Bewusstsein eine Bewertung vorzunehmen und verschiedene Erfahrungen miteinander in Verhältnisse zu setzen, die eine Bewertung möglich machen.

Ich behaupte, dass sich an dieser grundlegenden Aufgabe der Verstand als „Ratio", also der Vorgang, etwas ins Verhältnis zu etwas anderem zu setzen, entwickelte. Der Verstand ist nun gefordert, die eigene Wahrnehmung und Deutung des Symbols im Hinblick auf die beabsichtigte Wirkung zu prüfen. Dafür muss er möglichst

---

17   Vgl. dazu auch das Leibniz-Gesetz über das Identitätsprinzip in logischen Systemen. Dieses besagt, dass ununterscheidbare Dinge identisch sind. Danach ergibt sich die Identität von Gegenstand A und Gegenstand B, wenn es keinen Unterschied zwischen ihnen gibt. Genau dies wird durch meine These unterstützt. Eine Beobachtung soll mit kleinstmöglichem Unterschied wiederholt werden können. Essentiell bedeutet dies, dass eben der Wille, einen Unterschied zu machen, aufgegeben werden soll, damit eine Identifizierung möglich wird. Identität bedeutet dann Verzicht auf Unterscheidung. Im Weiteren sagt Leibniz, dass A und B genau dann denselben Gegenstand bezeichnen, wenn sich A für B in allen Aussagen bei Erhaltung des Wahrheitswertes ersetzen lässt. Es geht also bei der Wiederholung von Beobachtung um die Bewahrung oder Bewahrheitung von Erfahrungen.

umfassend alle Bedingungen, die mit der Symbolerschaffung zusammenhängen und mit ihr im Verhältnis stehen, berücksichtigen: In welchem Zustand befand sich das symbolerschaffende Bewusstsein und welche Absichten könnten in das Symbol hineingelegt worden sein? Welche weltlichen Bedingungen lagen der Symbolerschaffung zugrunde? Wie ist das Symbol selbst beschaffen? Auf welche Wirkungen könnte das Symbol hinweisen? In welchem Zustand befindet sich das aufnehmende Bewusstsein und welche Veränderungen löst die Wahrnehmung des Symbols aus? Gibt es Wahrnehmungsbedingungen, die als nicht relevant ausgeschlossen werden können? Usw. usf. Der Überprüfungsvorgang kann also recht aufwendig werden, wenn die mit der Symbolisierung verbundenen Unsicherheiten minimiert werden sollen. Die Antwort auf die Fragestellung nach der Gewissheit des Schlusses lautet demnach abstrakt, dass der Verstand die möglichen Bedingungen und Verhältnisse der Symbolbeobachtung nach deren Wahrheit überprüft, also ob Beobachtungen im Hinblick auf die beabsichtigte Wirkung wahr oder nicht wahr sind. Ein Symbol ist dann identifiziert worden, wenn eine hinreichend genaue Identität zwischen Prämissen (Beobachtungsbedingungen oder Ursachen) und Schlussfolgerungen (Wirkungen) hergestellt ist. Es deutet sich hier schon an, dass dem Überprüfungsvorgang eine Zyklizität bzw. Rekursivität innewohnt und dass, bis eine ausreichende Gewissheit über die Interpretation eines Symbols vorliegt, mehrere Rückfragen und erneute Symbolisierungsversuche erfolgen können.

Die Objektivierung und Kommunikation von Erfahrungen ist im physikalischen Sinne stets eine Aneinanderreihung von Wirkungen. Dabei bleiben neben dem unbeobachtbaren Raumteil des Bewusstseins auch alle Raumteile, die nicht zur bewussten Symbolisierung benötigt werden, unbeobachtet, wirken aber ebenfalls als Beobachtungsbedingungen in der Wahrnehmung mit. In diesen unbeobachteten Raumteilen befinden sich auch diejenigen räumlichen

Wirkungen, die durch die Symbolisierung selbst ausgelöst wurden und nicht zur beabsichtigten Wirkung gehören, auf die rekurriert wird, es sich also um ungewollte Nebenwirkungen handelt. Nur durch erneute Wiederholungen und rekursiven Vergleich der Beobachtungserfahrungen vermag der Beobachter die Kausalitätskonstruktion evolutiv-zyklisch zu verfestigen. Der grundsätzlich zyklische bzw. rekursive Ablauf der Kausalierung bleibt stets unverändert und ist allgemeingültig: Der Beobachter macht unter bestimmten Beobachtungsbedingungen eine Beobachtung und ist gewillt, diese Beobachtung mitzuteilen, sie begreiflich und wiederholbar zu machen. Dazu objektiviert er seinen Willen, indem er unter weiteren Beobachtungsbedingungen ein Symbol im Raum erschafft bzw. ausformt, welches auf die ursprünglich erfahrene Wirkung ausgerichtet ist. Bei Einhaltung der symbolisch codierten Bedingungen ist es in einer weiteren Beobachtung möglich, auf die Wirkung der ursprünglichen Erfahrung zu schließen, sie sich geistig vorzustellen. Der Beobachtungskomplex wird zu einer Kausaleinheit verschmolzen; der Beobachter verschmilzt damit seine Erfahrung und das ausgerichtete Symbol (versuchsweise) kausal zu einer Einheit. Diese Kausaleinheit gewinnt dann eine besondere Bedeutung, wenn andere Beobachter anhand der Symbole bzw. der Ursachenbeschreibung zuverlässig und regelmäßig, also *gesetzmäßig*, die räumlichen Bedingungen der ursprünglichen Erfahrung selbst einnehmen können und hinreichend ähnliche Wirkungsbeobachtungen machen können, wie sie zuvor symbolisch angezeigt wurde. Die Kausaleinheit wird dann empirisch bewahrheitet. Sobald diese Güte einer Kausaleinheit erreicht ist, kann ein Beobachter mit ihrer Hilfe Wirkungen vorhersagen und empirisch nachweisbar, d.h. erlebbar, machen. Die Fähigkeit, Vorhersagen zuverlässig zu treffen, erlaubt es dem Beobachter dann, die Möglichkeiten seiner Willensausübung in Form von Handlungen im Raum zu planen und damit seinen möglichen Handlungsspielraum zu vergrößern.

In Anbetracht des Prüfungsaufwands, wie und ob ein Symbol wie beabsichtigt wahrgenommen wurde, wird deutlich, dass eine signifikante Reduktion des Prüfungsaufwands erreicht werden könnte, wenn zumindest die Ausgestaltung des Symbols und die damit verbundenen Wahrnehmungsmöglichkeiten eingeschränkt werden. Damit würde zwar die Freiheit in der Symbolerschaffung begrenzt, aber der Vorteil realisiert, dass der Überprüfungsvorgang vereinfacht und die Zuverlässigkeit zur Wiederholung und Vorhersage von Erfahrungen bzw. im Ergebnis die Kommunikation von Wirkungen vereinfacht würde. Meines Erachtens sind diese Fragestellung und die Notwendigkeit, diese Vorgänge mit minimalem Aufwand auszuführen, der Anlass für die Entwicklung von Logik und Sprache. Als normative Methoden der Symbolisierungsmöglichkeiten sind sie flexibel und energieeffizient einsetzbar, weshalb ich davon ausgehe, dass sie zu den elementarsten menschlichen Kausaleinheiten gehören und ich nachstehend genauer darauf eingehen möchte.

3.   Symbole und Kommunikation

Zentrales Bindeglied zur Verkettung von Beobachtungen ist das Symbol. Aus grundlegenden Kausaleinheiten können dann fortlaufend, aus sich selbst heraus, weitere Kausaleinheiten kombiniert und erschafft werden. Da die Symbolform notwendigerweise räumlich ist, hängt die Festlegung der Prämissen sowohl von den formellen (ihr Aussehen bzw. Beschaffenheit im Verhältnis zu anderen Symbolen) als auch von den materiellen Eigenschaften der Symbolform und des sich umgebenden Raums ab. Die materiellen Eigenschaften legen die räumlichen Bedingungen für den Beobachtungsakt, d.h. die notwendigen räumlichen Bedingungen für eine Wiederholung bzw. Reproduktion von Symbolformen in einer bestimmten Umgebung, fest. Angenommen ein Beobachter nimmt in einer Beobachtung sowohl die formellen als auch materiellen Eigenschaften einer Symbolform innerhalb vergleichbarer räumlicher Umgebungsbedingungen an (ist also einerseits gewillt, andererseits räumlich fähig, das Symbol wie beabsichtigt wahrzunehmen) und erfüllt damit hinreichend genau die in das Symbol hineingelegten Anforderungen, dann identifiziert er dadurch den Willen des Symbols und ist in der Lage, den Beobachtungsakt wie gewollt auf sich bzw. in seinem Bewusstsein wirken zu lassen. Dieser Akt berechtigt ihn dann anzunehmen, dass die sich einstellende Wirkung eine wahre Schlussfolgerung und identisch mit der Beobachtung, auf die das Symbol hinweist, sei. Die unmittelbarste Möglichkeit zur Überprüfung des Schlusses „Meine Erfahrung ist mit der beabsichtigten Wirkung (nahezu) identisch" = wahr, hätte der Beobachter, wenn er einer überprüfbaren Aufforderung nachkäme. Bspw. wenn er aufgefordert wäre, mit Hilfe von Farbkarten anzuzeigen, welche Farbe der wolkenlose Himmel zur nachmittäglichen Stunde habe, und der Aufgeforderte auf eine blaue Farbkarte zeigte. Wie bereits gezeigt wurde, ist vollkommene Verifizierung jedoch notwendigerweise nicht möglich, da die Gesamtheit aller Beobachtungsbedingungen unbeobachtbar ist, nämlich mindestens jeweils das Bewusstsein des Beobachters und die nicht beobachteten Raumteile. Der Aufgeforderte könnte auch zufällig auf die geforderte Farbkarte gezeigt haben, weil er die Aufforderung nicht verstand und einfach auf eine der verfügbaren Farbkarten zeigte. Ein Beobachter kann also nie mit Sicherheit sagen, dass alle Beobachtungsbedingungen bekannt sind und in einer exakt wiederholten Konstellation vorliegen; die exakte Wiederholung einer Beobachtung ist damit unmöglich. Die verbleibende Unsicherheit kann der Beobachter minimieren, indem er in weiteren Schritten und anhand von Symbolen, d.h. einer Vielzahl von sozusagen sekundären Beobachtungen, alle für eine hinreichende Übereinstimmung der Wirkungsbeobachtung notwendigen Bedingungen expliziert und festlegt.

Eine erfolgreiche Kausaleinheit setzt voraus, dass eine beobachtete Wirkung mit einer Ursache zu einer Einheit gesetzmäßig verschmilzt. Auf Basis des oben aufgeführten Schemas zur Kausalierung möchte ich bspw. anhand der optischen Wahrnehmung eines Zeichens, dies könnte der Buchstabe „a" sein, das Erlernen einer Kausaleinheit zeigen. Nehmen wir an, dass ein Beobachter eine Form erschuf, die wir mit dem Buchstaben „a" bezeichnen. In einem weiteren Schritt fügt der Beobachter der Wahrnehmung des Buchstabens ein Schallmuster, nämlich den ausgesprochenen Laut „a", also eine bestimmte Nutzung seines Kehlkopfes, der Stimmbänder, Lungen, Atmung usw. usf., hinzu. Da in diesem Beispiel beide Symbole vom Beobachter selbst und frei erschaffen wurden, ist auch die Zuordnung zu Ursache und Wirkung frei. Für die Kausalierung entscheidend ist aber die wiederholte Verbindung der Aussprache bzw. des spezifischen Schallmusters des Vokals „a" mit der optischen Wahrnehmung des Buchstabens in Form eines „a". In welcher Reihenfolge dies durchgeführt wird, bspw. zuerst die optische Wahrnehmung des „a" und dann die Abgabe des Schallmusters „a" oder umgekehrt, ist aufgrund der freien Schaffung beider Symbole sekundär; primär ist hingegen die gesetzmäßige Verschmelzung beider Symbole zu einer Kausaleinheit. Dies wäre erreicht, wenn der Beobachter beim Hören des Lautes „a" fähig wäre, selbst das zugehörige Schriftzeichen zu produzieren oder umgekehrt beim Sehen des Buchstabens „a" unvermittelt selbst den zugehörigen Laut auszusprechen. Während der Kausalierungseffekt auf einen einzelnen Beobachter gering erscheint, verdeutlicht die Hinzunahme weiterer Beobachter, die dieselbe Kausaleinheit verinnerlicht haben, wie sich der Effekt vergrößert: Ein Beobachter könnte anderen Beobachtern den Buchstaben „a" zeigen. Diese würden diesen identifizieren und könnten den entsprechend zugehörigen Laut äußern. Umgekehrt wäre es auch für einen Beobachter möglich, den Vokal „a" zu äußern und andere Beobachter würde den damit kausal verbundenen Buchstaben „a" identifizieren und zeigen oder zeichnen können. Jeder teilnehmende Beobachter ist durch das Erlernen oder durch die Hingabe zum zugrundeliegenden Kausalgesetz befähigt, wahlweise den Laut oder den Buchstaben als Ursache für eine Wirkung bewusst und absichtlich einzusetzen. Dieses simple Beispiel soll aufzeigen, wie durch die Kausalierung es Beobachtern einerseits möglich wird, die Wirkung (s)einer Handlung vorherzusehen, und andererseits auf den Willen anderer Beobachter zu schließen. Die Einübung der Kausalierung und Verfestigung zu Kausaleinheiten ermöglicht die *Identifikation des Willens*. Allerdings gilt, dass der von einem Beobachter in einer Gruppe von mit dem Kausalgesetz vertrauten Beobachtern gezeigte Buchstabe „a" nur dann die Wirkung der Aussprache des zugehörigen Lauts verursachen kann, wenn die teilnehmenden Beobachter auch gewillt sind, die Identität zu materialisieren, sozusagen bereit sind, in die Absicht des den Buchstaben zeigenden Beobachters und die damit verbundenen Bedingungen einzuwilligen. Demgegenüber bedeutet es, dass ein Wille, der sich nicht materialisiert bzw. verwirklicht und damit von der Empirie bzw. erfahrenen Welt verneint wird („ich will viel Geld besitzen, bekomme aber keins"), als ein misslungener Konstruktionsversuch einer Kausaleinheit bzw. als falsche Identität, im Sinne eines Auseinanderfallens symbolisch verknüpfter Beobachtungen bzw. der Inkonsistenz der symbolisch codierten Bedingungen und der erlebten Wirkungen, gedeutet werden kann.

Die freie Schaffung von Symbolen, also neuen Raumteilen, die auf andere Raumteile verweisen, ist eine genuin menschliche Leistung und kann in diesem Umfang meiner Kenntnis nach bei keinem anderen bisher bekannten Lebewesen beobachtet werden. In der

Kausalierung neuer sprachlicher Symbole, also einem neuen, meist erweiterten, anders angeordneten oder strukturierten Raumteil, der gesetzmäßig mit anderen Raumteilen verbunden ist, wirkt und existiert, spiegelt sich diese Fähigkeit wider. Dieser neue und gesetzmäßig eingeflochtene Raumteil ermöglicht das Erschaffen, Erlernen und Prägen neuer Symbole, wovon sprachliche Begriffe, d.i. eine Rekombination bereits bekannter Buchstaben oder die Veränderung der dazugehörigen Schallmuster, besonders wirksam sind; eine Rekombination oder neue Konstellation von elektro-biochemischen Vorgängen im Gehirn, die – wie zuvor am Buchstaben „a" skizziert – beim räumlichen Ausdruck und Empfang des neuen Begriffs zwischen Menschen ablaufen, eingeübt und kausaliert werden. Es können auch gänzlich neue Wörter sein, die neue Wahrnehmungen bzw. Gegenstände oder physikalische Teile bezeichnen. Man denke nur an aktuelle Bespiele wie die Begriffe „iPhone" oder „Handy", die vorher nicht existierten, heute aber alltäglich von vielen Menschen gesetzmäßig als Verweis auf bestimmte Erfahrungen verwendet werden und existieren. An diesem Beispiel zeigt sich schon die ungeheure Kreativität und Dynamik, die in der Symbolisierung und damit möglichen Kausalierung liegt. Gleichzeitig deutet diese Willensfreiheit an, dass Verstehen und Verständnis zwischen mehreren Beobachtern, das Zustandekommen von Identität, Kausalgesetze und Einwilligung voraussetzen. Nur Dank gesetzmäßiger Kausalität vermag ein einzelner Beobachter seine Subjektivität und Individualität, ja jegliche seiner Erfahrungen, durch Symbole zu objektivieren und anderen Beobachtern mitzuteilen. Durch die Umwandlung der komplexen Welt von Wahrnehmungen bzw. Materie und Erfahrungen in wenige Gedanken und Symbole sowie die anschließende Umwandlung dieser Gedanken über Symbole und darüber hinausgehend in komplexe Materie bzw. Wirkungen in den Bewusstseinen anderer Beobachter samt aller sich weiter daraus ergebenden und ggf. unbeabsichtigten

Nebenwirkungen befähigt sich der Beobachter, seinen Willen, seine Gedanken und Vorstellungen weiteren Beobachtungen zugänglich zu machen. Mit Worten von Wittgenstein ausgedrückt:

„Im Satz drückt sich der Gedanke sinnlich wahrnehmbar aus."[18]

„Wir benützen das sinnlich wahrnehmbare Zeichen (Laut- und Schriftzeichen etc.) des Satzes als Projektion der möglichen Sachlage. Die Projektionsmethode ist das Denken des Satz-Sinnes."[19]

„[...] Der Satz ist ein Modell der Wirklichkeit, so wie wir sie uns denken."[20]

Eine Kausaleinheit erhält ihre Bedeutung also aus der Einübung und dem Gebrauch von Symbolen im Leben; die Erfahrung des Sinns ist ein wesentlicher Teil des Lernprozesses für die Benutzung von Symbolen bzw. einer Sprache.[21] Am Anfang muss ich den Sinn und die Bedeutung von Symbolen aus der Erfahrung gewinnen, auf mich wirken lassen.[22] Wittgenstein war davon überzeugt, dass es sprachliche Aussagen geben müsse, die besonders objektiv oder zumindest von besonderer Qualität seien:

„Wittgenstein nimmt an, dass es, wenn wir die Sprache zum Reden über die Welt verwenden können, einige Sätze geben

---

18 *Wittgenstein* [1922] 2016, Tractatus, Zif. 3.1.
19 Ebd., Zif. 3.11.
20 Ebd., Zif. 4.01.
21 Vgl. *Fann* 1971, Philosophie Wittgensteins, S. 65 ff.
22 Vgl. dazu auch *Wittgenstein* [1953] 2017, Untersuchungen, S. 11 f. Zif. 1, unter der sehr anschaulich der Lernprozess von Wörtern und Sprache, die etwas bezeichnen, beschrieben wird.

muss, die in unmittelbarer Verbindung zur Welt stehen, so dass ihre Wahrheit oder Falschheit nicht von anderen Sätzen, sondern von der Welt bestimmt wird. Solche Sätze nennt er ‚Elementarsätze'."[23]

Weiter fragt er sich:

„Wie sind Elementarsätze mit der Welt verknüpft?"[24]

Ich denke, dass es der anfängliche Lernprozess ist, in dem die Kausalierung bzw. bestimmte Symbole empirisch in der Welt verankert werden. Ihre Wahrheit wird von der weltlich-physikalischen Wirkung bestimmt, wobei Wahrheit der logische Indikator für eine hinreichend genaue Identität wiederholter Erfahrungen ist. Insofern gäbe es nicht einige bestimmte oder besondere „Elementarsätze", die gefunden werden könnten, die in unmittelbarer Verbindung zur Welt stehen, sondern alle kreativen und anfänglichen Kausalierungen sind genuin „elementar". „Elementarsätze" wären damit Kausaleinheiten, die, einmal erschaffen, sehr häufig wiederholt oder gar notwendig für die Konstruktion unterschiedlicher, vielfältiger und komplexer Symboliken (Aussagen) verwendet würden. Sie würden häufiger verwendet werden, so wie bspw. das Wasserstoffatom ein (elementarer) Bestandteil einer unzähligen Vielfalt unterschiedlicher Molekülverbindungen sein kann. Solche Elementarsätze wären demnach nicht wahrer als andere Kausalierungen, zeichneten sich aber dadurch aus, dass ihre Wahrheiten häufiger verwendet würden und sie insofern universeller einsetzbar und in einer größeren Anzahl von Wahrheiten beteiligt wären.

---

23 Vgl. *Fann* 1971, Philosophie Wittgensteins, S. 18 ff.
24 Vgl. ebd.

Die elementare Kausalierung entspricht dem weiter oben schematisch skizzierten Vorgang der zyklischen Wiederholung des Ursache-Wirkung-Zusammenhangs, exemplarisch am Erlernen des konstruierten Zusammenhangs zwischen dem Buchstaben und dem ausgesprochenen Vokal „a" veranschaulicht. Nach Erlernen mehrerer solcher Symbole sowie Regeln, wie diese Symbole untereinander in Beziehung zu setzen sind, d.i. ein ganzes System von Buchstaben (Alphabet), wie diese zu Worte und diese Worte miteinander kombiniert werden können (Grammatik), bin ich dann fähig meinen Willen zielgerichtet auszudrücken, bspw. beim Bäcker etwas zu essen zu bestellen. Auf die Äußerung meiner Bestellung folgend wird der Bäcker sehr vorhersehbare Handlungen vornehmen: das Brot aus der Lade nehmen, einpacken und abrechnen. Die Grammatik ist in diesem Zusammenhang kritisch, denn ohne sie würde ich nur Laute von mir geben, die ggf. sogar mir selbst unbekannt und damit – ohne Beachtung der weiteren räumlichen Bedingungen, nämlich dass ich normal gekleidet, mit einem Tragebeutel in ein Bäckereigeschäft eintrete und insofern höchstwahrscheinlich Backwaren erwerben möchte – auch für den Bäcker unverständlich wären und meine ausgesprochene Bestellung nicht die beabsichtigte Wirkung entfaltete. Eine Voraussetzung für die Identifikation von Kausaleinheiten ist insofern die symbolische Rekursion auf bekannte bzw. (evolutorisch) eingeübte Erfahrungen. Dies klingt stark nach einem Zirkelschluss: Es müssen symbolisch anzeigbare Erfahrungen vorliegen, damit mit Hilfe von Symbolen die logische Identitätsprüfung durchführbar wird und – bei Bewahrheitung der Identität von den symbolisch angezeigten Erfahrungen, eine Kausaleinheit zustande kommen kann. Der Zirkelschluss besteht jedoch nur vordergründig, da die verwendeten Symboliken sowie zugrunde liegenden Erfahrungen – wie oben gezeigt wurde – notwendigerweise nicht exakt identisch sein können. Bei genauerer Betrachtung entspricht die Zyklizität einem Lernvorgang, in dem mit jeder erfolgreich identifizierten Kausaleinheit eine Wahrheit ggf. vergrößert wird. Die geschilderte Situation beim Bäcker setzt voraus, dass zwei fremde Personen unabhängig voneinander bestimmte Symbolisierungen erlernt haben und diese es ihnen dann in der konkreten Situation ermöglichen, vorhersagbar etwas zu bewirken. Das Erlernen von Symboliken zeigt Wittgenstein in einem anderen Beispiel auf: Die fachspezifischen Worte des Bauhandwerks ließen sich eben nur auf einer Baustelle erlernen; der wesentliche Teil ihrer Bedeutung, worauf sie abzielen und ausgerichtet sind, die räumliche Bedingtheit der Symbolverwendung, könne nur auf der Baustelle und in der Ausübung der entsprechenden Tätigkeiten erlernt werden.[25] Und so spricht Wittgenstein im spezifischen Fall über (wörtliche) Symbole weiter:

> „‚Denke an Wörter, als seien sie Instrumente, die durch ihren Gebrauch charakterisiert werden.‘ [...] Frage dich: Bei welcher Gelegenheit, zu welchem Zweck, sagen wir das? Welche Handlungsweisen begleiten diese Worte? (Denk ans Grüßen!) In welchen Szenen werden sie gebraucht; und wozu?“[26]

Schließlich:

> „Ich kann Wörter nicht etwas bedeuten lassen, nur weil ich möchte, daß [sic] sie etwas bedeuten; ich kann sie nur dann sinnvoll gebrauchen, wenn andere zu einem Verstehen meiner Gebrauchsweise gelangen können.“[27]

Ich übertrage Wittgensteins Auffassung über Wörter auf Symbole im

---

25   Vgl. *Fann* 1971, Philosophie Wittgensteins, S. 65 ff.
26   Ebd., S. 71.
27   Ebd., S. 77.

Allgemeinen und verstehe ihn so, wie oben gezeigt, dass Symbole ihre Bedeutung nur aus ihrer physikalischen bzw. empirischen Wirkung erhalten können. Das von ihm verwendete Beispiel der Baustelle ist sehr anschaulich: Wenn der Vorarbeiter den Lehrling anweist, ihm ein bestimmtes Werkzeug, bspw. eine Kelle zu bringen, dann ist das Wort „Kelle“ bzw. das in der deutschen Sprache dazugehörige Schallmuster, eine räumlich verdichtete Bezugnahme auf die Wahrnehmung des Gegenstands einer Kelle. Sofern der Lehrling das spezifische Schallmuster des Gegenstands gelernt hat (bspw. wie zuvor zum Buchstaben „a“ dargelegt, zeigt der Vorarbeiter ihm das Werkzeug mehrfach und äußert jeweils das spezifische Schallmuster für „Kelle“), kann die Kausaleinheit, bestehend aus dem Schallmuster „Kelle“ und dem zugehörigen Gegenstand, auf den Lehrling wirken; er wird befähigt, das Symbol „Kelle“ zu identifizieren und damit zu bewahrheiten. Dies ließe sich auch auf andere symbolbasierte Kommunikationsmethoden übertragen: Sofern der Lehrling lesen kann, könnte anstelle des Schallmusters der Vorarbeiter ihm auch einen Zettel zeigen, auf dem bspw. „Kelle“ steht. Dann bestünde die Kausaleinheit aus der optischen Aufnahme und Entschlüsselung der nach bestimmten Regeln angeordneten Zeichen auf dem Zettel, die für das Wort „Kelle“ stehen, und der Identifikation des Gegenstands, bspw. als bildliche Erinnerung einer zuvor gesehenen Kelle vor dem geistigen Auge oder dem Zeigen des zugehörigen Gegenstands durch den Vorarbeiter. In diesem Lernvorgang fällt auf, dass die Erschaffung und Verwendung von Kausaleinheiten dynamisch sind und durchaus gewisse Unschärfen enthalten, die jedoch ihrer Wirkung nicht abträglich sein müssen:

„Wir stellen fest, daß [sic] in der tatsächlichen Sprache viele Sätze vage, ungenau und unbestimmt sind, aber ihren Zweck durchaus erfüllen. ‚Wenn ich einem sage ‚Halte dich ungefähr hier auf!' – kann denn diese Erklärung nicht vollkommen funktionieren?'".[28]

Um im Beispiel der Baustelle zu bleiben: Wie genau die Kelle auszusehen hat, welche räumlichen Bedingungen erfüllt sein müssen, welchen Zustand sie haben soll, welche Farbe der Griff, wie die Metallfläche beschaffen sein soll etc., kann sekundär sein, wenn dies nicht Teil der beabsichtigten Wirkung ist. Für die Wirkung von Kausaleinheiten könnte es, je nach Kontext ihrer Verwendung, auf hinreichende Eigenschaften ankommen, die jeweils vom Vorarbeiter und Lehrling in der Kausaleinheit mit dem Gegenstand Kelle übereinstimmend identifiziert werden. Es könnte hier einen Zusammenhang geben, der darin besteht, dass je präziser eine Wirkung wie beabsichtigt eintreten soll, desto genauere und ggf. komplexere Symbolisierungen notwendig seien. Komplexe Symbolisierungen setzen jedoch ebenso differenzierte Erfahrungen voraus, damit sie identifiziert werden können. Vergröbert würde im Zweifelsfall der Vorarbeiter den Lehrling nochmal losschicken, wenn die Kausaleinheit zu einem falschen Schluss führte, die Wahrheit damit nicht zustande käme und der Lehrling einen falschen Gegenstand brachte: „Nicht diese Kelle meinte ich, sondern die andere mit dem großen Griff."

In den Veranschaulichungen hoben Wittgenstein und ich bisher vornehmlich auf Worte als Symbole und deren Verwendung in der Kommunikation zwischen mehreren Beobachtern ab, hatte oben aber angesprochen, dass das Schema der Kausalierung auf sprachliche Symbole im allgemeinen Sinne und auf auch einzelne Person zuträfe. Aufgrund der räumlichen bzw. biologisch-evolutiven Bedingtheit, dass ein jeder Beobachter selbst aus einem anderen Beobachter hervorgebracht wird, ein Mensch wird von einem anderen Menschen

---

28 Ebd., S. 61.

geboren, nehme ich an, dass die symbolische Kommunikation zwischen mehreren Beobachtern bzw. von ihnen gemeinsam genutzten Kausaleinheiten historisch früher nachzuweisen seien als Kausaleinheiten, die ein einzelner Beobachter für sich selbst nutzt. Dies könnte vermutlich nur sehr eingeschränkt durch bspw. archäologische Nachweise über die Verwendung von Artefakten geprüft werden, da Kausaleinheiten, die von einem Beobachter für sich selbst genutzt werden, also gedankliche Reflexionen seiner Wahrnehmungen, archäologisch vielfach schwieriger nachweisen lassen dürften. Ohne entscheiden zu wollen, welche Symbolverwendung historisch vorausging, möchte ich mich auf die Behauptung konzentrieren, dass sich zeigen lässt, dass die gedankliche Reflexion innerhalb des Bewusstseins eines einzelnen Beobachters zur Vergrößerung des Handlungsspielraums und der Willensausübungen, somit zu gesteigerten Kommunikationsfähigkeiten in Beobachtergruppen, geführt haben und sich die so befähigten Beobachter besser an wechselnde räumliche Lebensbedingungen anpassen und entwickeln konnten. Diese Behauptung stützt sich auf die oben aufgestellte These, dass Kausalierung den Verstand bzw. die Ratio begründet. Denn die Reflexion eigener Wahrnehmungen stellt nichts anderes dar als den Gebrauch des Verstandes.

Ich will dazu einen Versuch unternehmen und stelle mir zunächst vor, sozusagen als eine Extremwertbetrachtung, wie Kausaleinheiten von einem einzelnen isoliert lebenden (Ur-)Menschen hätten verwendet werden können. Ein Beispiel könnte die Empfindung des Hungers und des Tageslichts sein: Ich nehme an, dass die Symbolisierung beider Wahrnehmungen es diesem Menschen erlaubte, im Bewusstsein eine Planung seiner Handlungen oder Absichten vorzunehmen und damit gedanklich seinen Willen zu formulieren. Es könnte dieser Mensch durch vielfach wiederholte Erfahrungen den zyklischen Verlauf des Tageslichts vom Entstehen der Helligkeit im

Anschluss an die Dunkelheit der Nacht bis zum Vergehen des Tageslichts als Übergang zur abermaligen Dunkelheit der Nacht als gesetzmäßigen Ablauf erlernt haben. Ebenso dürfte ihm durch wiederholtes Erfahren des Hungergefühls und der notwendigen Handlungen um sich dieses ihn in seinem Gemütszustand, seiner Aufmerksamkeit und seinem Handlungsspielraum einschränkenden Gefühls zu entledigen, der zugehörige Handlungsablauf – bspw. das Suchen von Wurzeln oder das Jagen eines Tiers samt jeweiliger Zubereitung – bekannt sein. Stark vereinfacht bildet dieser Mensch für diese Beobachtungen samt ihren räumlichen Bedingungen gedanklich Symbole aus, welche auf die jeweiligen Wirkungen bzw. Erfahrungen verweisen: Hunger, Suchen/Jagen, Kochen, Essen etc. Die gedankliche bzw. rationelle Planung oder Abwägung an einem Tag könnte dann lauten: Erlaubt mir der aktuelle Zustand des Tageslichts, meinen Hunger noch vor Einbruch der Dunkelheit zu stillen? Die symbolisch codierten Wirkungen werden zueinander ins Verhältnis gesetzt und gedanklich hinsichtlich möglicher Schlussfolgerungen bzw. Ergebnisse erprobt. Während die Kommunikation zwischen mehreren Beobachtern häufig auf eine Koordination der beteiligten bzw. notwendigen Willensentschlüsse und deren Überzeugung bzw. Verwirklichung in Handlungen abzielt, ist eine wesentliche Funktion der gedanklichen Reflexion die Erkundung, wie die Welt auf den eigenen Körper einwirkt, welche Handlungsmöglichkeiten sich dem Denkenden bieten samt potentiellen Auswirkungen eigener Handlungen und letztlich die verstandesmäßige Entscheidungsfindung und Ausbildung des Willens. In diesen Abläufen und gedanklichen Erkundungen stehen die Erinnerung bzw. Wiederholung bereits getätigter Erfahrungen, die Bewertung möglicher Handlungen und die ggf. notwendige Schaffung neuer Symbole, um seinen Willen zu formulieren, also den Willen im Raum a priori hinsichtlich seiner Möglichkeiten bzw. Wirkungen spielerisch-gedanklich zu erproben und Grenzbereiche auszuloten, im Vordergrund. Eine verallgemeinernde Funktion von Sprache wäre demnach die Konstruktion von Kausaleinheiten, um Grenzbereiche zu erkunden und die eigene Willensbildung zu rationalisieren bzw. den eigenen Willen transzendental, d.i. über das unmittelbare Spüren der Auswirkungen des eigenen Handelns hinaus auf ein Ziel ausgerichtet im Raum wirken zu lassen. In diesem Kontext, wie im Beispiel anhand des Hungergefühls skizziert, nehmen neben der Wahrnehmung bestimmter räumlicher Erscheinungen auch spezifische Gefühlslagen und Zustände, die sich nicht notwendigerweise mit sprachlichen Mitteln beschreiben, wohl aber emotional symbolisieren lassen, einen enormen Raum ein und bieten sich dem Bewusstsein für Rationalisierungen an. Dazu zählen auch Gestik, Mimik und Gerüche, die jeweils mit bestimmten beobachteten Wirkungen verkausaliert wurden.

Symbole verstehe ich in diesem Zusammenhang als menschliche Kausaleinheiten, die jeder Kommunikation zugrunde liegen. Sie sind damit die Bausteine der sich stetig weiterentwickelnden Kommunikationsfähigkeiten und Gesellschaften. Kommunikation unter Beteiligung mehrerer Beobachter ist zudem die Voraussetzung für die Erschaffung und Weitergabe von Wissen, Lehre und Tradition. Die Erkenntnis einer neuen Kausalität, bspw. dass ein Acker produktiver wird und mehr Feldfrüchte hervorbringt, wenn er mit einem Pflug bearbeitet wird, hat nur eine geringe Auswirkung auf die Gesellschaften, wenn diese Erkenntnis nicht bewahrt und kommuniziert wird. Eine Weitergabe hat im Gegensatz dazu weit reichende Auswirkungen und verbessert die Lebensgrundlagen ganzer Gemeinden. Im weiteren Verlauf möchte ich zeigen, dass diese elementaren Kausaleinheiten letztlich nicht nur Wissenschaft im Allgemeinen, sondern im Besonderen die Naturwissenschaften ermöglichten und hervorbrachten. Es sind schließlich die Naturwissenschaften, welche seit einigen hundert Jahren viele technologische Neuerungen und gesellschaftliche Veränderungen angetrieben haben. Der Mensch ist durch sie und die symbolische Ausrichtung seines Willens befähigt worden, auf stetig wachsende Bereiche seiner materiellen Umwelt einzuwirken. Auf Basis der kommunikativen Symbole und naturgesetzlichen Kausalitäten schöpft der Mensch ungebrochen aus der Materie neue technische Kausaleinheiten, im Wesentlichen Instrumente und Werkzeuge, die für unterschiedlichste Absichten entwickelt wurden: die Bearbeitung von unterschiedlichen Rohstoffen, die Bequemlichkeit im Alltag, die medizinische Heilung, das emotionale Vergnügen, die globale Kommunikation usw. usf. Diese technisch vergegenständlichten Absichten und Kausaleinheiten werden zudem in den modernen Gesellschaften als Produkte auf Märkten angeboten und nachfragt. Die in diesem Abschnitt untersuchte elementare Kausalität der menschlichen symbolbasierten Kommunikation übertrage ich schrittweise auf die zunehmend technologisch geprägte Moderne samt ihrer Gerätschaft und sozioökonomischen Institutionen, wie Recht und Geld. Wenn also im Folgenden von Symbolen die Rede ist, lässt sich dieser Begriff prinzipiell auch als Platzhalter für technische Geräte, Produkte, Recht und Geld verstehen. Diese zusätzliche Komplexität greife ich später als emergente Eigenschaften von Kausalität auch nochmal ausdrücklich auf.

Ungeachtet dieser enormen Befähigung und Erweiterung des Möglichkeits- und Handlungsspielraums durch Symbolisierung besteht die gemeinsame Herausforderung für eine wirksame Kommunikation zwischen Beobachtern oder einer wirksamen Rationalisierung von Wahrnehmungen darin, die Symbole so auszuformen und auszurichten, dass sie die intendierte Wirkung entfalten. Ob ein Symbol wirksam ist oder nicht, hängt auch vom Kontext seiner Benutzung ab. In manchen Zusammenhängen genügen vage Symbole, um die beabsichtigte Wirkung hinreichend genau sicherzustellen, wie im Beispiel von Wittgenstein, dass eine Person sich „ungefähr da" aufhalten soll. In anderen Zusammenhängen ist eine größere Sorgfalt in der Symbolisierung notwendig, schließlich können sich Kausaleinheiten über den Zeitverlauf oder an unterschiedlichen (geographischen) Räumen in ihrer Nutzung und damit in ihrer Identität wandeln. So stelle ich mir bspw. vor, dass der Begriff „Brot" in seiner Form, also der Worthülse oder Buchstabenabfolge, in allen Orten von Deutschland gleich aussieht, aber hinsichtlich der Wirkung, was für ein Brot also am häufigsten damit verbunden wird, sich sehr stark unterscheiden kann. Ebenso kann es sich mit anderen Symbolen, die auf emotionale Zustände verweisen, verhalten. So sieht für zwei Personen das Wort „Angst" gleich aus; betreffend die Wirkungen im Bewusstsein der jeweiligen Person können jedoch völlig unterschiedliche Wahrnehmungen damit verschmolzen sein. Eine wirksame Verwendung von Symbolen setzt also Instrumente voraus, mit deren Hilfe die Symbole hinreichend genau an die jeweiligen räumlichen Bedingungen angepasst und darin ausgerichtet werden können. Die Beobachtungsmöglichkeiten eines Symbols müssten derart eingeschränkt werden, sodass der Schluss auf die intendierte Wirkung zuverlässig eintritt bzw. die Beobachtung bzw. Erfahrung der Wirkung hinreichend genau wiederholt werden kann. Diese Notwendigkeit ist allen Symbolen gemeinsam, weshalb ich nachstehend die Methoden zur Absicherung oder Einschränkung der Identifikationsmöglichkeiten von Symbolen näher betrachten möchte.

4. Grundlegende Beobachtungsbedingungen für Kausaleinheiten

Die Methode zur Ausrichtung von Symbolen in Kausaleinheiten ist Logik. Logik ist hier nicht auf Mathematik im engen Sinne beschränkt, sondern wird grundsätzlich bezogen auf alle Symbole, d.h. einschließlich aller vorstehend ausgeführten Äußerungen, die symbolisiert werden können, angewandt. Der Anwendungszweck besteht dabei darin, die Identifikationsmöglichkeiten von Symbolen logisch, d.h. gesetzmäßig, einzuschränken, um damit die Möglichkeiten, Materialien und empirischen Wirkungen miteinander kombinieren und willentlich ausrichten zu können, auszuweiten:

> „Die Grammophonplatte, der musikalische Gedanke, die Notenschrift, die Schallwellen, stehen alle in jener [...] Beziehung zu einander, die zwischen Sprache und Welt besteht. Ihnen allen ist der logische Bau gemeinsam."[29]

Logik bzw. im engsten Sinne der logische Schluss ist eine sehr effektive und zugleich sehr effiziente Methode, mittels derer einerseits Symbole im Verhältnis untereinander und über sie selbst hinausweisend Wahrnehmungen für Beobachter im Raum ausgerichtet werden können. Logisch ausgerichtete Symbole ermöglichen eine intendierte Wirkung, nämlich die Schlussfolgerung, und basieren in ihrer Anordnung auf Regeln, die wie Werkzeuge vielseitig bzw. allgemein und vielfach unabhängig vom Material des Symbols (d.i. der räumliche Bezug, bspw. die Notenschrift, die über sich selbst hinaus auf die Bedienung verschiedener Musikinstrumente hinweist) einsetzbar sind. Symbole können im Sinne der philosophischen Logiklehre als Prädikatoren verstanden werden.[30] Die oben allgemein dargestellte Kausalierung von Wahrnehmungen anhand von Symbolen ist insofern eine Erweiterung des Prädikationsaktes, nämlich der „sprachliche[n] Handlung, einem einzelnen Gegenstand [bzw. Raumteil], einem Paar von Gegenständen [bzw. Raumteilen] oder mehr als

---

29 *Wittgenstein* [1922] 2016, Tractatus, Zif. 4.014.
30 Vgl. *Detel* 2007, Logik, S. 24 ff.

zwei einzelnen Gegenständen [bzw. Raumteilen] einen Prädikator
[bzw. ein Symbol] zuzusprechen oder abzusprechen."[31] Eine einfache
Prädikation ist weiter oben als Beispiel genannt: „Dieser Gegenstand
bzw. Raumteil heißt ‚Kelle'". Prädikationen enthalten stets einen logischen Wahrheitswert (wahr oder falsch).[32] Evolutiv und empirisch
lassen sich Prädikationen kausalieren, bspw. durch wiederholtes
Zeigen mehrerer Gegenstände, die bestimmte Formkriterien erfüllen
(bspw. die Kellenfläche und ein Griff) und der jeweils zusprechenden
Bezeichnung als „Kelle", wie weiter oben beschrieben. Diese elementare Prädikation bzw. Symbolgebung für Raumteile ermöglicht
das – im Sinne von Wittgenstein „elementare" – Argument, nämlich den logischen Schluss, dass sich die Aussprache des Wortes
„Kelle" kausal auf den damit verbundenen Gegenstand bezieht: (a)
Ich höre das Wort „Kelle", (b) ich kenne die kausal bzw. gesetzmäßig
damit bezeichneten Raumteile, also schließe ich (c), dass der Absender des Wortes „Kelle" damit auf einen Raumteil „zeigen" will,
der jenen Raumteilen, die ich damit kausal verbinde, hinreichend
genau entspricht. Sollte die empirische Überprüfung dieses Argu-
ments den Wahrheitswert „wahr" ergeben – ich zeige dem Absender
einen Raumteil, den ich mit Kelle zu bezeichnen gelernt habe und der
Absender nickt bzw. bejaht das Vorzeigen der Kelle –, entsteht eine
relativ einfache Identität: Die vom Absender intendierte Kausalität,
d.i., die Aussprache des Wortes „Kelle" bewirkt das Verständnis,
dass der Bezug auf einen bestimmten Raumteil so gewollt ist und
damit wahr ist. Wieso „relativ einfache" Identität? Relativ deshalb,
weil das Wort „Kelle" bereits aus zwei Silben und insgesamt fünf
Buchstaben besteht, welche zunächst einzeln in Kausaleinheiten
mit Wahrheitswerten zu versehen sind, bevor sie zu komplexeren

---

31   Ebd. S. 28.
32   Vgl. ebd. S. 30.

Wörtern zusammengefügt werden können. Ebenso sind zunächst das Nicken bzw. Bejahen als Kausaleinheit zu erschaffen.

Der grundlegende Sinn der Anwendung von Logik für die Konstruktion von Kausaleinheiten lässt sich hier erahnen. Aussagen und die Verwendung von Symbolen lassen sich hinsichtlich ihres Wahrheitswertes überprüfen und beabsichtigte Wirkungen identifizieren. Wenn ich das Wort „Kelle" höre, kann ich auf Basis meiner erlernten Kausaleinheiten zusätzlich darauf schließen, dass alle anderen Raumteile, die einer Kelle nicht hinreichend ähnlich sind, nicht gemeint sind. Auch kann ich einer anderen Person, die bspw. einen anderen Raumteil als eine Kelle vorzeigt oder bringt, mitteilen, dass diese Identifizierung „falsch" ist, d.h., nicht dem intendierten Kausalzusammenhang entspricht. Logik ermöglicht die Kombination von einfachen Kausaleinheiten zu komplexeren Gebilden (um im Jargon der Logik und Sprache zu bleiben: Kalküle und Sätze), durch präzise und eineindeutige Abgrenzungen (wahr/falsch) von Raumteilen. Dabei erschafft Logik auf einer Metaebene ihre eigenen Kausalitäten bzw. Kausalgesetze, nach denen einfache Kausaleinheiten miteinander kombiniert werden können, sodass sie stets mindestens einen Wahrheitswert (wahr oder falsch) enthalten. Komplexe Kausaleinheiten enthalten demnach eine größere Menge an Wahrheitswerten. Zudem verwirklichen „wahre" Identitäten stets den in ihnen enthaltenen Willen, andernfalls wäre der zugehörige Wahrheitswert „falsch" und es käme eben nicht die beabsichtigte Wirkung zustande. Es wäre jedoch ein vorschneller Schluss, zu behaupten, dass es die „wahren" Identitäten sind, welche eine größere Wirkung entfalten. Wer kennt es nicht aus eigener Erfahrung, dass Missverständnisse bzw. die Ablehnung des Willens oder das Nichteintreten einer beabsichtigten Wirkung zu Konflikten führen bzw. die Motivation, den eigenen Willen zu verwirklichen, erst recht besonders anfeuern kann.

Logik kann im Zusammenhang mit den symbolisierten Wahrnehmungen also als primär inhaltloses Gesetz oder Bedienungsanleitung für die Betrachtung und Deutung der Symbole verstanden werden. Sofern der oder die beteiligten Beobachter die zugrunde liegenden logischen Gesetze annehmen und befolgen, sich also in der Konstruktion und Wahrnehmung von Symbolen beschränken oder positiv ausgedrückt konzentrieren, eröffnet sich die Möglichkeit, die Wirkung von Symbolen vorherzusehen. Logik ist damit eine Voraussetzung zur Ausrichtung des Willens im Raum. Die Möglichkeitsräume des Denkens und der Handlungen können anhand logischer Gesetze eingegrenzt und dann die daraus resultierenden Wirkungen a priori vorhersagbar gemacht werden. Es lassen sich prinzipiell alle denkbaren logischen Folgerungen von Aussagen, die aus Symbolkombinationen gefolgert werden können, gedanklich erproben, sozusagen auf kleinstem Raum, gleich einem Modell, versuchsweise und auf Basis der bisher gemachten Beobachtungen bzw. Erfahrungen in verschiedene Richtungen fortsetzen. Die tatsächliche Verwirklichung der gedanklichen Kausaleinheiten im Raum führt zu neuen Erfahrungen und – bei Bewahrheitung der Kausalitäten – verändert die Räumlichkeit insgesamt, sozusagen im großen Maßstab, in die beabsichtigte Richtung. Damit Logik diese Funktion als Gesetz der Kombinations- und Deutungsmöglichkeiten von Symbolen in Kausaleinheiten erfüllen kann, müssen zwei Dimensionen, die bei jeder logischen Operation einfließen, beachtet werden: (i) Die logischen Gesetze müssen in sich schlüssig, eindeutig und bekannt sein, damit keine falschen Schlüsse entstehen können. Logik muss insofern eine eindeutige Einteilung der Wirkung von Symbolen, insofern sie auf bestimmte Raumteile verweisen und selbst einnehmen, ermöglichen. Ich nenne dies den „Selbstbezug" oder die formellen Bedingungen von Kausaleinheiten. Sobald im Kontext der „ersten jeweils erschaffenen" Kausaleinheiten Symbole verwendet wurden, nötigte dies

die beteiligten Personen, die soeben erschaffenen Symbole untereinander und voneinander abzugrenzen, damit deren zuverlässige
Verwendung möglich ist. Mit jeder Schöpfung von Kausaleinheiten
entsteht daher eine abstrakte Metaebene, die „nur" formelle Regeln
aufstellt, wie Symbole zueinander stehen und miteinander kombiniert werden können. (ii) Da Logik eine universelle und abstrakte
Methode ist, die in unterschiedlichsten Zusammenhängen unabhängig von der Bedeutung von Symbolen, aber stets unter bestimmten
materiellen Bedingungen auf spezifische Materieteile angewandt
wird, sind eben diese materiellen Bedingungen klarzustellen. Denn
bei Unkenntnis oder Verschweigung der materiellen Bedingungen
hilft auch die Kenntnis logischer Gesetze nicht, eine Erfahrung nach-
zuempfinden. Erst wenn diese Dimensionen hinreichend beachtet
werden, lassen sich Kausaleinheiten erfolgreich konstruieren. Nachstehend möchte ich genauer auf diese Dimensionen eingehen.

(i) Der Selbstbezug sind die formellen Gesetze, nach denen unterschiedliche Symbole (im logischen Kontext die Prämissen) miteinander kombiniert werden dürfen, damit gültige Schlüsse möglich
werden. Ein klassisches Beispiel dafür sind die Regeln der Aussagenlogik, wonach eine Aussage eine Wertzuschreibung ist, die bewahrheitet werden kann: „Der Himmel ist blau." In dieser einfachen Aussage wird dem Himmel eine Eigenschaft, nämlich die Farbe Blau zugeschrieben. Bewahrheiten ließe sich die Aussage empirisch durch
einen Beobachter, der den aktuellen Himmel begutachtet und dies
entweder bejahen oder verneinen kann. Dagegen wäre die Aussage
„Der Himmel ist Farbe" im Rahmen der logischen Gesetze nicht zu
bewerten bzw. ließe keine Schlussfolgerung zu. Das Wort „Farbe"
ist kein Eigenschaftswort, welches zugeschrieben und bewahrheitet werden kann. In dieser Symbolanordnung ist die Identifikation
der Absicht des Konstrukteurs der Kausaleinheit nicht zuverlässig

möglich, d.h., bei Wiederholung durch mehrere Beobachter würden nicht mit an Sicherheit grenzender Wahrscheinlichkeit stets die gleichen Schlüsse erfolgen.

Diese selbstbezogenen formellen Regeln können eine Vielzahl von Definitionen oder Festlegungen sein, die aufeinander aufbauen und miteinander kombiniert werden können. In der Logiktheorie wird eine Kombination unterschiedlicher Aussagen und Folgerungen auch als Kalkül bezeichnet und grenzt den Handlungsspielraum oder die Verwendungsmöglichkeiten bestimmter Symbole ein.[33] Das Kalkül der Sprache würde bspw. mindestens das Alphabet und die Grammatik umfassen, in der Mathematik ist bspw. mindestens die Zahlenlehre und Arithmetik mit seinen Rechengesetzen (z.B. das Kommutativ- oder Assoziativgesetz) ein Kalkül. In der Musik wären vielleicht Notenschrift, Harmonik, Melodie und Rhythmus Bestandteile des Kalküls, um Musik reproduzierbar zu machen. Diese Gesetze sind notwendig, damit sichergestellt ist, dass ein Beobachter die Kausaleinheiten identifizieren und sich so der in die Kausaleinheiten gelegte Wille verwirklichen kann. In Bezug auf Sprache besitzen also alle Wortarten neben ihrer Funktion als Kausaleinheit auch in ihrem Selbstbezug eine Funktion für den Handlungsspielraum der Sprache. Hauptwörter bezeichnen Gegenstände, Verben Tätigkeiten, Adjektive Eigenschaften usw. usf. Um über eine einfache Zuschreibung – ein Fingerzeig auf den Raumteil und die Aussprache der Bezeichnung „Kelle" – hinauszugelangen, ist eine Kombination aus Demonstrativpronomen, Hauptwort, Verb und Pronomen notwendig: „Dies ist meine Kelle." Die Anzahl möglicher Schlüsse bzw. gedanklicher Verweise ist durch die kleine Zunahme von Symbolen rasant angewachsen. Die Aussage bezieht sich auf diese spezielle Kelle und nicht auf andere Kellen. Der Sprechende ordnet die Kelle

---

33 Vgl. ebd. S. 68 f. und 117 ff.

seiner Verfügungsgewalt zu, ohne darüber Auskunft zu geben, ob dies auch früher schon so war oder zukünftig noch so sein wird und ob andere Kellen auch einer Verfügungsgewalt zuzuordnen sind usw. usf.

Die Fähigkeit, Raumteile genauer und zielgerichteter einzuteilen, anzuzeigen, miteinander zu verbinden und die möglichen Schlüsse der Beobachter präziser zu lenken, wird anhand der scheinbar wenig bedeutsamen Wortarten – Konjunktionen, Präpositionen, Pronomen, Artikel usw. – immens erweitert, da sie die Konstruktion und Anwendung logischer Gesetze erlauben oder sie eigentlich sprachlich verkörpern. Das Kalkül oder, um im sprachlichen Kontext zu verbleiben, die Grammatik ermöglicht es einem Beobachter, der die Gesetze der verwendeten Grammatik beherrscht, die in Symbolen kodifiziert beabsichtigte Wirkung zu erkennen. Dazu gehört, die von einer Person kommunizierten Kausaleinheiten zu entschlüsseln und damit auch wirken zu lassen. Logik ermöglicht es dem geschulten Beobachter in seiner Kommunikation dann, einen Gegenstand über sich hinaus gegenüber allen anderen Gegenständen abzugrenzen, z.B. durch Anwendung der Negation: „Dieses ist eine Kelle und alles, was im Hinblick auf ihre hinreichenden Eigenschaften (ihre Form, ihr Material, usw.) anders erscheint, ist keine Kelle." Die Logik selbst ist zunächst leer und macht es dadurch ihren Nutzern möglich, ihre Gesetze auf jegliche Symbole anzuwenden: eine bestimmte Geste, Kleidungsstück oder eine Zeichnung können aus dem Leben geschöpfte Symbole sein, die sich gemäß logischen Gesetzen prüfen und kombinieren lassen und dann bei Beobachtern eine (intendierte) Wirkung verursachen. Die logische Methode lässt offen, auf welchen Raum sie angewendet werden soll: „Alle Sätze der Logik sagen [...] dasselbe. Nämlich nichts."[34] Ein erheblicher Teil der Worte eines Satzes sind

---

34 *Wittgenstein* [1922] 2016, Tractatus, Zif. 5.43.

„nur" leere Vehikel, ermöglichen aber die Übermittlung oder Ausübung des Willens, den eigentlichen Inhalt. Die Worte „und", „oder",
„nicht", „größer", „gleich" usw. usf. haben selbst, ohne Verbindung
mit weiteren Hauptwörtern und Verben bzw. Symbolen keine Bedeutung, können aber grundsätzlich mit allen Symbolen verbunden
werden und geben an, welche Wirkung die Kombination haben soll.

Die Spielregeln für die Verwendung von Symbolen fasse ich dabei
nicht eng, d.h. nicht beschränkt auf Aussagenlogik etc., sondern
weit. Damit zählen für mich auch nonverbale Regelungen, bspw.
eine bestimmte Etikette, Hierarchien, soziale Normen usw. usf., die
sich durch Symbole vermitteln und bei Beobachtern mittels einer
Aufforderung, eines Befehls oder einer rhetorischen Frage zu einer
Handlung bewegen oder einen bestimmten Eindruck erwecken können. Logik ist in ihrer Anwendung demnach nicht beschränkt auf die
klassischen textsprachlichen Zusammenhänge, sondern erweitert
auf alle Wirkungen, die sich symbolisieren lassen (Gestik, Mimik,
Musik, Statussymbole, Zahlen, natürliche Phänomene etc.). Bevor
sich aber eine Person, die die kommunizierten Symbole wahrnimmt,
mit dem über die verwendeten Symbole hinausweisenden Willen
befassen, ihn identifizieren und wie intendiert wirken lassen kann,
muss zunächst die notwendige Voraussetzung erfüllt sein, dass
die beobachtende Person die logischen Gesetze (das Kalkül), nach
denen die Kausaleinheit konstruiert wurde, kennt. Die gemeinsame
Kenntnis und Akzeptanz dieser Gesetze, in den verwendeten Beispielen und Veranschaulichungen ist dies die gemeinsame Sprache, stellt also eine notwendige Bedingung für die Identifikation von
Kausaleinheiten dar. Die an der Kommunikation beteiligten Personen
müssen notwendigerweise die Gesetzmäßigkeiten der gemeinsamen
Sprache und die ihr innewohnende Logik kennen, sie sich zu eigen
machen und sie auf sich wirken lassen. Sofern die beteiligten Personen nicht über eine gemeinsame Sprache Symbole wahrnehmen

(jede Person Worte in einer für die übrigen Personen fremden Sprache mitteilt), wird sich natürlich jede Mitteilung von einer Person A auf eine andere Person B auswirken. Jedoch in den wohl meisten Fällen nicht in der a priori gewollten Art und Weise. B wird, anstelle die gewollte Handlung vorzunehmen, nämlich bspw. verständnisvoll zu nicken oder eine Frage zu beantworten, vielleicht lediglich die Stirn runzeln, mit den Achseln zucken oder sich einfach abwenden.

Die a priori vorhersehbare Auswirkung der Willensausübung, die Selbstverwirklichung, ist demnach abhängig von der gemeinsamen Kenntnis eines Kalküls bzw. der gemeinsamen Eingrenzung der Kombinationsmöglichkeiten der verwendeten Symbole. Die Logik ermöglicht es dann dem Beobachter, einerseits die Wirkungen seiner eigenen Handlungen in der nach Gesetzen bestehenden Welt und deren Strukturen (anschauliche Beispiele wären Straßenverkehrsregeln, soziale Etiketten oder Naturgesetze usw. usf.) in den noch unbeobachteten Raum zu projizieren, ihn gedanklich zu erschließen bzw. zu testen und sich vorzustellen, welche Rückwirkungen aus dieser Welt auf ihn selbst folgen könnten. Die Kenntnis der Gesetze versetzt den Beobachter in die Lage, den unbeobachteten Raum im Geiste vorzustellen und sich mit einem Bruchteil seiner potentiellen Wahrnehmungsmöglichkeiten vor einer vollumfänglichen Wahrnehmung (d.i. anstelle seines gesamten Körpers samt Sinnesorganen entsprechend zu bewegen bzw. Bewegungen von Raumteilen zu veranlassen und diese zu erfahren) darin orientieren und navigieren zu können. Wie „wahr" bzw. zuverlässig seine geistigen Vorstellungen über den unbeobachteten bzw. rein geistig beobachteten Raum sind, hängt aber nicht nur von der Kenntnis der zulässigen Kombinationsmöglichkeiten von Kausaleinheiten ab, sondern auch von den Kenntnissen der Beobachter über die materiellen Bedingungen, also Qualitäten und Eigenschaften, die der Konstruktion der Kausaleinheiten zugrunde lagen. Denn um letztlich eine Aussage bewerten zu können, benötigt der Beobachter, neben den formalen Regeln über die Zusammenstellung von Symbolen, zuverlässige Kenntnisse über die Bedeutungen der Symbole. Letztere vermag der Beobachter vor allem über die wiederholte eigene Erfahrung zu erlangen. Ein Schluss auf die Wirkung von Symbolen, die der Beobachter zwar grammatikalisch richtig einordnet und die formale Funktion erkennt, bleibt mit Unsicherheiten behaftet. Die Unsicherheiten mögen vernachlässigbar klein sein, wenn es sich innerhalb einer Kausaleinheit um nur wenige Symbole handelt, die dem Beobachter unbekannt sind. Wenn diese Symbole aber hinsichtlich der insgesamt beabsichtigten Wirkung eine kritische Funktion einnehmen oder dem Beobachter zu viele Symbole unbekannt sind, ist eine erfolgreiche Identifikation der Kausaleinheit aufgrund fehlender materieller Kenntnisse meist nicht möglich.

(ii) Insofern müssen neben den formal logischen Bedingungen über zulässige Kombinationen von Symbolen materielle Bedingungen hinsichtlich der Symbole und beteiligten Beobachter erfüllt sein, damit Kausaleinheiten erfolgreich identifiziert werden können. Während es auf formaler Ebene grammatikalisch korrekt ist zu sagen, dass der Geruch von Curry stärker sei als ein Ringer oder so beißend wie ein Terrier, würde jeder mit Unkenntnis der materiellen Eigenschaften der verwendeten Symbole nicht erkennen können, dass es hier um bildliche Vergleiche geht, und könnte darauf schließen, dass Curry hier für eine Person stünde. Der Konstrukteur dieser Kausaleinheiten würde durch die Vermengung unterschiedlichster materieller Dimensionen die Wahrscheinlichkeit, dass sich bei einem anderen Beobachter der Symbole die beabsichtigte Wirkung, hier die lebhafte Vorstellung der Intensität des Curry-Aromas, einstellt, dramatisch reduzieren.

Zusätzlich zur materiellen Dimension der Symbole müssen auch die materiellen Randbedingungen, innerhalb derer die

Kausaleinheiten konstruiert werden, Voraussetzungen erfüllen, damit eine hinreichende Sicherheit über die möglichen Schlussfolgerungen und die räumliche Ausrichtung des Willens möglich werden. In der alltäglichen Kommunikation werden die Randbedingungen zur Konstruktion von Kausaleinheiten in der Regel implizit festgelegt: Damit eine Person einer anderen Person etwas sprachlich mitteilen kann, muss die empfangende Person bspw. gesunde bzw. funktionsfähige Ohren haben und zuhören, gesunde Augen haben und lesen, sein Telefon eingeschaltet, genügend Licht für das Lesen der Tageszeitung oder das entsprechende für den Austausch von Nachrichten vorgesehene Programm geöffnet haben, den eingehenden Anruf akzeptieren usw. usf. Eine hinreichende Aufmerksamkeit, im Sinne einer Hingabe und Einlassung auf äußere Impulse, der wahrnehmenden Person ist ebenfalls eine materielle Bedingung für das Identifizieren von Kausaleinheiten. Es ist allerdings unmöglich, sämtliche materiellen Bedingungen für die Konstruktion von Kausaleinheiten zu umfassen und festzulegen. Dies lässt sich einfach beweisen, da sobald mehr als zwei Beobachter an Wahrnehmungen beteiligt sind, die genetische Einzigartigkeit und die räumliche Raumbeanspruchung der jeweiligen Körper unterschiedlich und nicht in jeder materiellen Hinsicht gleich sein können. Auch ist es nicht möglich, eine Bewegung im Raum unter denselben Bedingungen exakt zu wiederholen, da sich auf molekular-atomarer Ebene eine ständige Veränderung der Teilchenzustände abspielt und jede Bewegung sich in einer veränderten Konstellation abspielt (es sind nicht die gleichen Teilchen). Insofern lässt sich schon hier festhalten, dass die sich stetig ändernden materiellen Bedingungen für die Konstruktion und Wahrnehmung von Kausaleinheiten der wesentliche Grund für ungewollte Wahrnehmungen bzw. „Nebenwirkungen" und immanenter Teil jeder Kausaleinheit sind. Die materiellen Bedingungen der Wahrnehmung von Kausaleinheiten müssen also hinreichend festgelegt sein, damit sich die a priori gewollte Wirkung einstellen kann. Wörter, entweder gesprochen oder geschrieben, können, wie andere Gegenstände im Raum, aus unterschiedlichen Perspektiven optisch oder akustisch wahrgenommen werden und sehen in jedem Bewusstsein dementsprechend anders aus bzw. hören sich anders an. Bezogen auf die oben benutzte Veranschaulichung der „Kelle", würde sich der Vorarbeiter eine Kelle, die ein bestimmtes Profil besitzt, gedanklich vorstellen und mit dem Begriff meinen, der Lehrling aber vielleicht aufgrund sehr windiger Verhältnisse nicht „Kelle", sondern „Schelle" oder Ähnliches verstehen, oder er hat bisher nur Kellen gesehen, die etwas anders geformt waren und dieses bestimmte, vom Vorarbeiter vorausgesetzte Profil nicht aufweisen, sodass er sich, anders als gemeint, eine abweichend geformte Kelle denken und verstehen könnte. Die beabsichtigte Kausalität würde nicht entstehen, der Lehrling würde eine „falsche" Kelle bringen.

Die Konstruktion und Benutzung von Kausaleinheiten ließen sich demnach vergleichen mit einem Gespräch von zwei Personen in einem völlig dunklen Raum, wobei eine Person den Raum sowie seine Gegenstände und ihre Schönheiten schon bei Lichte gesehen hätte und die zweite Person den Raum erst im Dunkeln beträte. Die erste Person wollte nun dem Neuling vermitteln bzw. durch Beschreibung bewirken, dass der Neuling dieselben Wahrnehmungen machen könne, wie schön der Raum und diese und jene Gegenstände denn seien, und versuchte dies sprachlich mit Hilfe der farbprächtigsten Bilder zu beschreiben. Der Neuling stellte sich im Geiste diese Beschreibungen aber sicherlich ganz anders vor und fühlte auch die Gegenstände anders, z.B. eher das Gewicht und die scharfen Kanten des Kerzenständers anstelle der farblichen Wirkung des Materials und seines Kontrastes mit dem Tisch. Während der Neuling den Raum als großzügig und geräumig wahrnahm, da er nicht bei jedem Schritt an einen Gegenstand stieß und selbst in beengten

Verhältnissen aufwuchs, wirkte der Raum für die erste Person doch eher klein, da keine großzügigen freien Räume bestünden, sondern sich viele Gegenstände darin befänden und die Wände stark dekoriert und farbig seien und er selbst in räumlich sehr großzügigen Verhältnissen aufwuchs. Die jeweiligen materiellen Erlebnisse und Erfahrungen, die die Personen bisher in ihrem Leben vor Betreten des dunklen Raums machten, legen die materiellen Randbedingungen für ihre Empfindungen und Vorstellungen des Raums fest und grenzen die möglichen logischen Schlüsse eben auf diese bereits erlebten Räume näherungsweise ein. In Abhängigkeit der Biographien entstünden in den zwei Bewusstseinen vermutlich sehr unterschiedliche Vorstellungen vom dunklen Raum, aber es gäbe dennoch die Möglichkeit für ein paar hinreichende Gemeinsamkeiten bzw. logische Abgrenzungen, die sich in der Mehrheit aller Biographien anhand von Erfahrungen bewahrheiten ließen: dass Gegenstände sich darin befinden; vielleicht die gemeinsame Erfahrung, was von den Gegenständen als Tisch zu bezeichnen wäre, was sich wie Glas anfühlte etc. Grundsätzlich betreten die Personen den Raum jedoch unter völlig unterschiedlichen materiellen Bedingungen bzw. Vorerfahrungen und machen daher auch unterschiedliche Beobachtungen, nehmen den Raum unterschiedlich wahr.

Aufgrund der schieren Vielfalt der materiellen Qualitäten von Kausaleinheiten und der Vielfalt der materiellen Randbedingungen für ihre Wahrnehmung schließe ich daraus, dass evolutiv die Normierung sowohl der materiellen Qualitäten als auch der materiellen Randbedingungen ein wichtiges Motiv ist, damit sie formallogischen Gesetzen unterworfen werden können und Beobachter ihren Willen objektivieren, a priori räumlich ausrichten und wirken lassen können. Die Festlegung der materiellen Bedingungen wird dann eine Art Bedienungsanleitung für die Ausführung einer Beobachtung, ähnlich wie die Beschreibung einer Experimentanordnung dem Experimentierenden eine Anweisung gibt, um bestimmte Phänomene beobachten zu können. Im Alltäglichen sind diese Bedingungen vermutlich meist nicht ex-, sondern implizit festgelegt. Sie leiteten sich dann, wie mit Hilfe von Wittgenstein weiter oben beschrieben, aus den Lebenswelten und Kulturen der beteiligten Beobachter ab, von den Symbolen und Kausaleinheiten, die sie bereits erlernten und verinnerlichten. Auf das vorstehende Beispiel bezogen hieße dies, dass beide Personen den Raum unter vergleichbaren Bedingungen betreten müssten, damit sie sich zuverlässig über die Auswirkung des Raums auf sie austauschen und verstehen könnten. D.h., dass der Raum bei Betreten beider Personen sehr ähnlich ausgeleuchtet und auch sonst die Gegenstände hinsichtlich ihrer Positionierung, farblichen Gestaltung, materiellen Beschaffenheit und Geruch etc. sehr ähnlich sein müssten. Darüber hinaus – und ungleich schwieriger sicherzustellen – müssten beide Personen in ihrem jeweiligen Leben bereits vergleichbare Raumverhältnisse, Materialen und Formen kennengelernt haben und eine gemeinsame Sprache sprechen, damit die Raumbeschreibung der einen Personen von der anderen Person zuverlässig und umfassend verstanden und bewahrheitet werden kann. Aufgrund der Abhängigkeit einer erfolgreichen Kausalierung vom Beobachter, hängt die objektive Beschreibung und Wirkung des von beiden betretenen Raums von ihren jeweiligen Biographien und sozialen Lebensumständen ab. Nur eine hinreichend große Gemeinsamkeit von Erfahrungen erzeugt einen gemeinsamen Erfahrungsschatz, eine gemeinsame Menge hinreichend ähnlicher Beobachtungen, aus denen eine Objektivierung erzeugt werden kann.

5. Paradoxie der Freiheit und gesellschaftliche Dimensionen

Bevor ich weiter auf die Interaktion mehrerer Beobachter in der Konstruktion von Kausaleinheiten eingehe, möchte ich anhand der Möglichkeit, dass auch eine einzelne Person sich bis zu einem gewissen Grad objektivieren kann, die Verantwortung des „Ichs" verankern. So ist eine Person in der Lage, ihren Willen in Symbolen schriftlich zu fixieren und diese später noch einmal zu lesen, also sozusagen ein Selbstgespräch zu führen. Die später aufgenommenen Kausaleinheiten wirken dann wieder auf ihren Autor, ggf. auch genauso wie ursächlich intendiert. Die abermalige Wahrnehmung der Symbole kann aber auch Neuartiges und ein kreatives Schaffen bewirken sowie, sofern sich die Person darauf einlässt, den personalen inneren Möglichkeitsraums erweitern. Unter der Annahme, dass die Person ihren Willen auf mehrere miteinander kombinierte Erfahrungen ausrichten möchte, um bspw. in einer Theorie einen gesetzmäßigen Zusammenhang zu formulieren, kann sie dies allerdings nur innerhalb ihrer eigenen formalen und materiellen Bedingungen leisten. So kann sie nur Symbole einsetzen, die sie selbst in der Lage ist zu erzeugen und zuverlässig mit Bedeutung zu versehen, d.h., sich auch noch zu einem späteren Zeitpunkt daran zu erinnern, was damit gemeint war usw. usf. Unter dem Einfluss von Drogen erschaffene Symboliken würden vor diesem Hintergrund vermutlich keine zuverlässige Basis darstellen, da der Zustand, in dem sie erschaffen wurden, zu labil wäre. Eine Beachtung dieser Bedingungen ermöglichte es insofern auch einer einzelnen Person, zuverlässig ihren Willen auszurichten und zu objektivieren, jedoch ist die so im „Selbstgespräch" entwickelte Objektivität auf sie selbst beschränkt und verbleibt insofern subjektiv, als dass sie auf dessen Bewusstsein beschränkt ist. Der Wahrheitswert der erschaffenen

Kausaleinheiten bleibt damit notwendigerweise stets kleiner als jener von Kausaleinheiten, die von mehreren Personen bewahrheitet werden. Dennoch sind die subjektive Objektivität und Erkundung des personalen Möglichkeitsraums nicht minder wichtig, da diese Selbstobjektivierung, die innerhalb des Bewusstseins einer Person wirkt, es ihrem Bewusstsein ermöglicht, ihre eigenen Gefühle, Gedanken und Absichten zunächst auszuformen, zu formulieren und dann hinsichtlich ihrer Wirkungen nachzuspüren und so zu erproben. Die Erkundung kausaler Zusammenhänge von Absichten, getätigten Handlungen bzw. Erfahrungen und bewirkten Gefühlen im Inneren der Person entspricht dem Weg der Selbsterkenntnis und lässt die Person mehr über sich lernen, wie sie in bestimmten Situationen auf Reize reagiert, was ihr Freude oder Schmerz bereitet usw. usf. Selbsterkenntnis erweitert insofern den personalen Möglichkeitsraum, als dass differenzierte und gewollte Verbindungen mit Vorgängen in der äußeren Welt möglich werden.

Die Selbstobjektivität verankert die zu Beginn vorgestellte Konzeption des „Ichs" als handelnde Einheit, die willentlich bestimmte Wirkungen hervorzurufen vermag und Verantwortung für Handlungen tragen kann. Ohne diese Selbstobjektivität und Fähigkeit, Gefühle und Gedanken zu fassen, zu ordnen und in Willensentscheidungen münden zu lassen, erschiene jedes Gefühl oder jeder Gedanke und jede Handlung wie eine spontane Eingebung ohne gesetzmäßigen Zusammenhang und Struktur und wirkte in beliebige Richtungen ohne Möglichkeiten für die Person, sie mit seinen Gefühlen zu verbinden oder auf den mit seinen eigenen Gedanken verbundenen, den in sie hineingelegten Willen, ihre eigene Absicht oder die Bedeutung der Handlungen schließen zu können. Kurzgefasst, würde die Person lediglich auf Reize reagieren und damit kaum qualitative Unterschiede gegenüber instinktiv handelnden Lebewesen, bspw. Tieren oder Insekten, aufweisen. Sie könnte kaum ein verantwortungsvolles

Mitglied einer Gemeinschaft mehrerer Personen sein, da sie nicht für ihre Handlungen ursächlich verantwortlich gemacht werden könnte. Eine solche Person wäre lediglich auf ihre unmittelbaren, rein körperlichen Fähigkeiten und Handlungen reduziert, entmenschlicht und könnte darüber hinaus keine Persönlichkeit verwirklichen. Nun ließe sich die Frage stellen, weshalb sich eine Person überhaupt in einen einschränkenden sozialen Zusammenhang einfügen sollte. Welches Interesse könnte eine Person daran haben, sich sozialen Gesetzen zu unterwerfen und damit unpersönliche Objektivitäten bzw. deren Wirkungen zu vergrößern?

Der Antwort liegt eine Paradoxie zugrunde: Im physikalischen Sinne stellen die Festlegungen von logischen, materiellen und psychischen Bedingungen für die Konstruktion von Kausaleinheiten Einschränkungen eines Beobachters dar und erfordern insofern für eine Bewahrheitung der Kausalität die Ausrichtung seines aktuellen Zustands auf wenige Möglichkeiten, einen Verzicht auf persönliche Freiheit. Es könnte sich insofern der Eindruck eines Freiheitverlusts, eines verkleinerten Möglichkeitsraums ergeben. Demgegenüber kann der Beobachter aber durch seine Hingabe zu den Einschränkungen eine größere Erweiterung seines Möglichkeitsraums, sprich Freiheit, hinzugewinnen. Sofern er die verwendeten formellen und materiellen Bedingungen der Kausalität erkennt, akzeptiert, erfüllen kann und in wiederholten Beobachtungsakten wiederholt, wächst die mit der Kausalität immanent verbundene Objektivität an, es entstehen gemeinsame Beobachtungsmöglichkeiten für zwei Personen. Es können dann größere Wahrheitswerte wirken, an denen auch der einzelne Beobachter mit Freiheitsgewinnen partizipiert. So vermag eine Person A zuverlässig und a priori mit seiner ursächlichen Kommunikation bewirken zu wollen und zu können, dass Person B symbolisch mitgeteilte Kausaleinheiten entsprechend ihrer Absicht wirken und die Person eine gewünschte Handlung ausführt; Person B also die erzeugten Kausaleinheiten (die sprachlichen „Gegenstände") so wahrnimmt und identifiziert, wie von Person A intendiert. A und B könnten sich verständigen. Ohne Erkennung und Akzeptanz bzw. Bewahrheitung dieser Gesetzmäßigkeiten wären Kausalitäten, als konkreter Anwendungsfall die Sprachen, nicht möglich. Erst durch die Anerkennung der Gesetzmäßigkeit durch mehrere Beobachter erlangt die gemeinsam wahrgenommene (sprachliche) Kausaleinheit eine neue evolutorische Qualität: Sie vergrößert einerseits die objektive Wahrheit der Sprache und setzt andererseits die Objektivierung des persönlichen Willens frei.

Kausaleinheiten, die im Alltag von einer Vielzahl von Menschen, ggf. auch ohne sie zu hinterfragen, akzeptiert und angewendet werden und damit über einen hohen Wahrheitswert verfügen, können in Normen transzendieren und alltägliche Normalität werden. Auf diesem Wege geben Normen einer großen Anzahl von Beobachtern einen festen Bezugsrahmen, gemeinsame Wahrheiten, und strukturieren so ganze Gesellschaften. Die fortlaufende kausale Anpassung von Normen oder die Entwicklung neuer zusätzlicher Normen führt dann zu Ausdifferenzierungen der Gemeinschaften und vermag ihren Möglichkeitsraum zu erweitern. Man denke in diesem Zusammenhang an die Wirkmächtigkeit von Geld, das heutzutage an keinen materiell festgelegten Gegenwert mehr gebunden ist. Lediglich die Akzeptanz und das Vertrauen auf die Wirkung des Geldes, d.h. die a priori bestimmbaren Möglichkeiten des Gütererwerbs anhand von Preisen, erhalten seinen Wert. Neu hinzukommende Beobachter bzw. Beobachtungen hinterfragen oder verstehen dann ggf. gar nicht mehr die Gesetzlichkeiten der Kausalität, sondern nehmen und akzeptieren sie als gegeben und beziehen sie in ihr Kalkül für andere Beobachtungen selbstverständlich ein, verlassen sich insofern auf ihre Gesetzlichkeiten. Naturgesetze sind dafür eine weitere geeignete Veranschaulichung: Sie werden symbolisch beschrieben und beziehen sich auf bestimmte räumliche Phänomene und sofern ein Beobachter entsprechend den formellen und materiellen Bedingungen, die der Formulierung des naturgesetzlichen Zusammenhangs zugrunde liegen, die relevanten Raumteile miteinander kombiniert und ausrichtet, lässt sich die Wirkung vorhersagen bzw. dann auch – innerhalb einer Beobachtungsgenauigkeit – tatsächlich beobachten. Dabei kennen häufig die Personen nicht die einzelnen in die Kausaleinheiten eingelassenen Bedingungen. So kann eine Person all die räumlichen Wahrnehmungen und schriftlich fixierten Experimentaufbauten einer Reihe von bereits (lang) verstorbenen Wissenschaftlern – z.B. Kausalierungen, die mit der Erfindung des elektrischen Leuchtdrahts einhergingen – sowohl vorhersag- als auch wiederholbar bewahrheiten, indem er einen herkömmlichen Lichtschalter betätigt. Eine einfache Handlung lässt eine komplexe Kausaleinheit wirken. Zuverlässig wiederholte und wiederholbare Kausaleinheiten werden dann nicht mehr in ihrer Konstruktionsweise und Objektivität hinterfragt. Ich möchte diesen Zusammenhang nochmal mit einer fiktiven Geschichte veranschaulichen:

Eine Person, die nicht schwimmen kann, und bereits sah, dass Menschen im Wasser ertrinken bzw. sterben können, möchte ein Gewässer überqueren. Am Ufer liegen Holzplanken und Eisenstangen und sie möchte wissen, ob diese ihr beim Überqueren hilfreich sein könnten. Nach mehrfachen Versuchen, in denen sie sowohl die Holzplanken als auch Eisenstangen in das Gewässer gibt, beobachtet die Person, dass regelmäßig die Eisenstangen im Wasser versinken und die Holzplanken auf der Wasseroberfläche schwimmen. Beim Vergleich der Materialien nimmt die Person darüber hinaus wahr, dass ein Stück Holz im Vergleich zu einem gleich großen Stück Eisen viel weniger wiegt. Sie benötigt für das Anheben des

Eisenstücks viel mehr Kraft als für das Holzstück bzw. nimmt sie das Eisenstück als viel schwerer wahr. Das dritte Material, nämlich das Wasser, entzieht sich einem solchen Vergleich, da sie es nicht in eine entsprechende Form bringen kann. Wenn nun aber das Holz auf der Wasseroberfläche schwimmt und das Eisen untergeht, dann erklärt sich die Person seine Wahrnehmung so, dass für alle drei beteiligten Materialien für ein gleiches Volumen das Gewicht unterschiedlich sein muss: Das geringste Gewicht je Volumen hat Holz, dann das Wasser und schließlich das Eisen. Für den eigenen Körper der Person muss das Gewicht für ein gegebenes Volumen wohl zwischen dem von Wasser und Eisen liegen, denn ansonsten würde sie ja von selbst an der Wasseroberfläche verbleiben und nicht ertrinken; andererseits versinken Menschen auch nicht so schnell wie die Eisenstücke im Wasser.

Begeistert von dieser Überlegung und bestärkt im Denken, dass das Holz in einer bestimmten Menge – es müsste zumindest so viel Holz sein, dass ihr eingetauchter Körper zusammen mit den eingetauchten Holzteilen weniger als das Wasser für dieses Volumen wöge – sie sicher über das Wasser zum anderen Ufer tragen würde, klemmt sie sich zwei, drei größere Holzplanken unter die Arme, steigt ins Wasser, schwimmt obenauf, paddelt ein wenig mit den Beinen im Wasser und erreicht so schließlich voller Aufregung, aber sicher das gegenüberliegende Ufer. Sie freut sich schon darauf, ihren Freunden von der Entdeckung zu berichten und fasst für sich zusammen, dass das Gewicht je Volumen die Dichte eines Materials sei. Ob es nicht möglich sei, aus Holz Größeres zu konstruieren, sodass sie zeitgleich mit ihren Freunden die bekannten oder neue Gewässer überqueren könnte? So entstand ihre erste Idee eines Schiffs.

Als sie später in ihrem Heimatort von ihren Erfahrungen und Einsichten berichtete, wurde sie von den übrigen Bewohnern zunächst belächelt und nicht ernst genommen. Erst als sie ein paar weitere Personen überzeugen konnte, einmal mit ihr zusammen einen kleinen Schiffbau zu versuchen, und sie schließlich tatsächlich ein kleines Boot für die Erleichterung des Transports von Handelswaren bauten und es mehrfach erfolgreich einsetzten, gewannen sie mehr und mehr die Aufmerksamkeit weiterer Personen. Viele Bedingungen für den Bau und Einsatz der Boote wurden erprobt, die nützlichen und erfolgreichen beibehalten und schließlich ermöglichte der sich so entwickelnde Schiffsbau die Erkundung neuer entfernter Länder. Dank der Erkenntnis des universellen physikalischen Gesetzes der „Dichte" verbanden sich unterschiedliche Personen zu einer Gemeinschaft und vergrößerten ihren Handlungsspielraum enorm und über ihre Vorstellungen hinaus. Eine persönliche Neugier führte so zum Entstehen großer Wirkungen im Raum, die Erkenntnis eines Naturgesetzes zum Aufbau einer Industrie.

Diese kleine Geschichte soll zeigen, wie sich aus einzelnen Wahrnehmungen einfache Kausaleinheiten konstruieren und durch die Teilnahme weiterer Beobachter weitreichende Objektivitäten bzw. große Wahrheitswerte ausbilden und Möglichkeitsräume erweitern lassen können, wenn und soweit die Beobachter die formellen und materiellen Konstruktionsbedingungen der Kausaleinheit erkennen sowie akzeptieren können und wollen. Sofern sie dies tun, weckt dies Neugier auf neue Erfahrungen, Beobachtungen, Träume, Wünsche, Absichten und Handlungen; kurzum sind Kausalitäten Motoren des menschlichen Wachstums und seiner Evolution. Eine Erweiterung ist jedoch nicht notwendigerweise gegeben, da Kausalitäten, insbesondere soziale Kausalitäten, auch entkräftet und durch neue ersetzt werden können. Die „alten Gewissheiten" entfallen und damit auch vormalige Möglichkeiten, Wirkungen von Beobachtungen bzw. Handlungen vorhersehen zu können. In der Geschichte angelegt ist auch der Zweifel und Unwille von Personen, sich auf neue Kausalierungen einzulassen. Die Ablehnung oder Vorenthaltung der Einwilligung in die Gesetze einer Kausalität können demnach ihre Objektivität bzw. ihren Wahrheitswert einschränken. Der Gesellschaft kommt damit insgesamt eine Verantwortung zu, wie sie mit neuen Kausalierungen und bestehenden Kausaleinheiten umgehen möchte.

Während in den modernen Alltagswelten vieler Staaten dank flächendeckender Alphabetisierungen und Mathematisierungen Amtssprachen und ein logisches Grundverständnis jeweils weitgehend vorhanden sind, schreitet dennoch eine für den Menschen potentiell bedrohliche Zersetzung der Gemeinsamkeiten, und damit ein Verfall der Voraussetzungen für den Erhalt von Kausaleinheiten und die Schaffung neuer Kausalierungen, voran. Die stetig fortschreitende Individualisierung der Lebenswelten droht die gemeinsame materielle Erfahrung der Welt zu verkleinern und erodiert damit die Ausgangsbasis, gemeinsame räumliche Erfahrungen und Bezugsmöglichkeiten, für die Konstruktion von Kausaleinheiten. Ich lese in vermehrten Anstrengungen einer Suche nach „einfachen, vorgegebenen" Symbolen oder Erfahrungen, bspw. die Nationalität, ein religiöser Glaube, Zugehörigkeit zu einer bestimmten Gruppe etc., das Bedürfnis nach gemeinsamen materiellen Erfahrungen, einer Wiederherstellung oder Konservierung der gemeinsamen Ausgangsbasis, damit bestimmte Kausalitäten vermehrt bewahrheitet werden und das Gefühl einer Kontrolle über die Welt, eine klar geordnete und einfach strukturierte, zurückerlangt wird. Die anwachsende Individualisierung und Diversität wird als Gefahr für die eigene Selbstentfaltung wahrgenommen. „Einfach vorgegebene" Symbole oder Erfahrungen würde in diesem Zusammenhang der Geburtsort, eine frühkindliche Taufe oder ein einmal gesprochenes Glaubensbekenntnis bedeuten. Diese Symbole sind häufig sehr bequem und stehen einer Großzahl von Menschen, ohne größere eigene Leistungen erbringen zu müssen, zur Verfügung. Daher bieten sie sich an, um sie in Kausaleinheiten einzusetzen: „Deutsche sind gesetzestreu und ordentlich" oder „Christen weisen eine starke Nächstenliebe auf", also Deutschsein bewirkt Gesetzestreue und Ordnung bzw. Christsein bewirken Nächstenliebe. Aus solch grundsätzlich positiven Zuschreibungen ließen sich dann weitgehende politische Absichten und Forderungen konstruieren, nämlich dass aufgrund vermehrter Kriminalitätsdelikte durch Nichtdeutsche diese des Landes verwiesen sollten usw. usf. Überhaupt zeigt die Kombination von Symbolen in solch einer weitgehenden Kausaleinheit, deren Bewahrheitung letztlich zu einer großen gesellschaftlichen Veränderung führen würde, nämlich die Ausweisung aller Nichtdeutschen, auf, wie groß die Wirkung von gesamtgesellschaftlich ausgerichteten und bewahrheiteten Kausaleinheiten sein kann.

Entgegengesetzt vermute ich, dass in der vormodernen Alltagswelt insbesondere die Gemeinsamkeit der logischen Konstruktionsbedingungen deutlich kleiner war (geringere Alphabetisierungs- und Mathematisierungsrate der Bevölkerung), dafür aber eine Menge an materiellen Erfahrungen der Welt in großen Bevölkerungsteilen (die ländlichen Bauern, Tagelöhner etc.) zuverlässig und in vergleichbarer Art vorlagen und damit gemeinschaftlicher war. Beispielhaft seien die Erfahrung der Wetterbedingungen und deren Bedeutsamkeit für das Leben einer mehrheitlich durch landwirtschaftliche Aktivitäten geprägten Bevölkerung genannt. Der auf einen grellen Blitz eines Gewitters folgende Schmerz auf der Netzhaut, die empfundene

Blendung sowie der sich daran anschließende Donner, die schweren Winde etc. bilden eine weithin hinreichend ähnliche Erfahrung einer Wetterlage und schaffen so gemeinsame materielle Bedingungen, die sich symbolisieren und in Kausaleinheiten verwenden lassen. Mit einfachen logisch-sprachlichen Gesetzen lässt sich dann für diese komplexe Wetterlage eine Kausaleinheit bspw. zur Warnung anderer Personen konstruieren: „Ein Gewitter zieht auf!" Diese Symbolik vermag andere Personen in Alarmbereitschaft zu versetzen und zu bestimmten Verhaltensweisen zu veranlassen, bspw. Schutz zu suchen. Hinreichend spezifische Elemente eines Gewitters, vielleicht das Gefühl der Blendung und der laute Donner, werden im menschlichen Bewusstsein räumlich in Symbole reduziert und verweisen über sich hinaus auf die Gesamterfahrung eines Gewitters. Analog dazu müssen in dem Baustellenbeispiel hinreichende materielle Bedingungen in den Erfahrungen des Vorarbeiters und Lehrlings zur Kelle erfüllt sein: Sie müssen beide bereits Kellen mit einem Griff und einer Fläche zum Auftragen gesehen haben, damit der Vorarbeiter dem Lehrling die Aufgabe, eine Kelle zu holen, mit Hilfe weniger Symbole geben und zuverlässig erwarten kann, dass dieser sie erfüllt. Die größere Menge an gemeinsamen materiellen Erfahrungen in der vormodernen Welt führte im alltäglichen Kontext zu stabilen und zuverlässigen Kausaleinheiten sowie Wahrheiten. Die im Vergleich kleinere Menge an Kenntnissen über Logik und wie Einsichten über Gesetzmäßigkeiten gebildet werden, hemmt demgegenüber die Fähigkeit, andere, ggf. sinnvollere Handlungsweisen zu erproben, zu erlernen und schließlich den Möglichkeitsraum für das gemeinsame Leben zu erweitern.

Wie gezeigt wurde, ist es also für den Übergang von der persönlichen Wahrnehmung zu größerer Objektivität notwendig, dass weitere Personen die konstruierten Kausaleinheiten identifizieren können und wollen. Der Wille – in Kants Worten – zur Unterwerfung unter[35] oder – wie ich besser finde – der Wille zur Identifikation der kausalen Absicht und Annahme von formellen und materiellen Konstruktionsbedingungen der Kausaleinheit(en) oder die Ergebung oder Hingabe der eigenen Wahrnehmung in diesem Zusammenhang ist eine notwendige Bedingung für die Existenz von Kausalität. Ohne dieses Wollen wäre es einer Person nicht möglich, Kausaleinheiten mit einer bestimmten Absicht a priori zuverlässig zu deuten oder räumlich so auszurichten, dass für einen weiteren „eingeladenen" Beobachter mit hinreichender Genauigkeit die intendierte Wirkung möglich wird bzw. er die beabsichtigte Erfahrung macht. Insofern möchte ich mich nachfolgend näher mit dem Wollen und Willen auseinandersetzen. Ein wesentliches Charakteristikum des Willens ist es, dass er – in unterschiedlichen Intensitäten – für etwas vorhanden sein kann oder nicht. Daraus lässt sich folgern, dass Kausalität eintreten kann, aber nicht notwendigerweise eintreten muss. Eine Person kann nicht zum logischen Schluss gezwungen werden, dass wenn A = B und B = C auch A = C gelten muss. Die Person könnte behaupten, dass dies in ihrer Vorstellung falsch sei und es gäbe keinen Weg, die Person zur Annahme und Anwendung des logischen Gesetzes zu bringen. Man könnte lediglich behaupten, dass die Person dumm, stur, verrückt oder sonst etwas sei. Die Annahme ist, dass ein direkter Zusammenhang zwischen freiwilliger Annahme von Kausalitäten und Größe des Möglichkeitsraums einer Person besteht.

Stellen wir uns vor, es gäbe einen Diktator, der in der Lage wäre, aufgrund der Androhung fürchterlicher Strafen und Schmerzen alle Personen der Welt seinem Willen zu unterwerfen, und den Willen hätte, sich selbst zu absoluter Objektivität zu erhöhen. Wer immer

---

35   Vgl. u.a. *Kant* [1787] 1974, Kritik praktische Vernunft, BA 15, 16 f. (mit **
     gekennzeichnete Fußnote), BA 87 und BA 104 f.

etwas gegen seinen Willen unternehme oder sogar denke, würde
sofort getötet. Aufgrund der oben gezeigten physikalischen Notwendigkeit, dass der Diktator sich für die Beobachtung eines bestimmten
Teils seines Reiches entscheiden muss, vermag er nicht die übrigen
Teile des Reiches im gleichen Moment zu überwachen. Er ist darauf angewiesen, dass seine Untertanen in den nicht überwachten
Reichsgebieten, aus Furcht vor den möglichen Strafen, „freiwillig"
seinen Willen befolgen. Aber woher können die Untertanen wissen,
was sein Wille ist? Es müssten also Regeln und Anweisungen – Kausaleinheiten – bekannt sein, die es den Untertanen erlauben, auf den
Willen des Diktators zu schließen. Es müsste alles bis ins kleinste
Detail geregelt sein, da die Untertanen andernfalls Gefahr laufen,
gegen den Willen des Diktators zu handeln. Demnach müsste der
Diktator a priori alle möglichen materiellen Zustände der Welt, Gedanken, persönliche Umstände, Gefühle usw. usf. kennen, um für
alle Zustände seiner Untertanen entsprechende Handlungsregeln
parat zu haben, damit jeder seinen Willen befolgen könne. Kurzum,
der Diktator müsste allwissend sein. Falls er dies nicht wäre, würde
er, um dennoch jeden Untertanen seinem Willen zu unterwerfen,
eine allgemeine Regel aufstellen, um diese unbestimmten Situationen zu erfassen. Nämlich dass sich jeder Untertan, bevor er eine
Handlung unternehme oder etwas denke, die Erlaubnis des Diktators
einzuholen hätte. Dies würde jedoch einen enorm hohen Aufwand
bedingen, damit jeder Untertan die Erlaubnis einholen könne. Es
müssten besondere Apparaturen bereitstehen, damit sie ihre Absichten eindeutig und ggf. über weite Entfernungen formulierten
und der Diktator sie zweifelsfrei verstehe und darüber entscheiden
könne. Der Diktator selbst müsste praktisch rund um die Uhr für
die Beurteilung und Erteilung von Erlaubnissen bereitstehen. Er
könnte daher eine weitere allgemeine Grundregel aufstellen, dass
jeder warten müsse, bis über sein Anliegen entschieden würde. So

lange dürfe von jedem Untertanen weder etwas unternommen noch gedacht werden. Dies bedeutete, dass der Diktator dann für die Verwirklichung seiner eigenen Ideen und Wünsche gar keine Gelegenheit mehr hätte, da er ständig damit beschäftigt wäre, die ihm a priori unbekannten Wünsche und Absichten seiner Untertanen zu überwachen und zu beurteilen. Umgekehrt könnten die Untertanen a priori auch nur vorhersehen, dass jegliche Handlung vorbehaltlich der Genehmigung des Diktators möglich ist und die Antizipation der Genehmigung aufgrund der willkürlichen Natur des Diktators unmöglich ist. Im Ergebnis wäre der Möglichkeitsraum sowohl für den Diktator als auch die Untertanen insgesamt sehr klein und der Wille des Diktators, sich selbst absolut zu objektivieren, ist zum Scheitern verurteilt.

Demgegenüber könnte der Diktator die allgemeine Regel aufstellen, dass jeder Untertan frei sei, selbst zu entscheiden, was er wolle und mache. Die legt den Schluss nahe, dass damit notwendigerweise eine Vergrößerung des Möglichkeitsraums einhergeht. Dies ist jedoch nicht der Fall, denn jeder Untertan könnte sich darauf beschränken, nur seine eigenen Kausaleinheiten zu bewahrheiten. Und würde jeder Untertan etwas anderes wollen, beabsichtigen und unternehmen, ließe sich im Extremfall nicht mal eine gemeinsame Sprache verwirklichen, da diese die gemeinsame Absicht voraussetzt, sich mitzuteilen und verstanden werden zu wollen. Die Möglichkeiten der gemeinschaftlichen Verständigung und die Konstruktion und Erhaltung größerer Strukturen bliebe unerschlossen. So hätte sich in der obigen Geschichte über die Kausalität der physikalischen Dichte von unterschiedlichen Materialien und die sich daraus ergebene Konstruktion von Schiffen die Person auch dagegen entscheiden können, die verschiedenen Materialien hinsichtlich ihrer Eigenschaften zu erforschen, auf die Dichte zu schließen und mit anderen Personen Schiffe bauen zu wollen. Ohne eine gemeinsame

Sprache wäre zudem die Verwirklichung der Absicht unmöglich geblieben, da die Person ihre Ein- und Absichten gar nicht hätte teilen können. Auch hätten sie das Vorhaben, das andere Ufer zu erreichen, aufgeben und sich anders beschäftigen, etwas anderes wollen, können. Insbesondere hätten sich auch alle anderen Bewohner von der Idee des Schiffs abwenden können, weil sie eigene Ideen und Wünsche – jeder für sich selbst – verfolgen wollten, sodass kein Prototyp entwickelt worden und die sich daraus ergebenen zusätzlichen Möglichkeiten des Schiffverkehrs unerschlossen geblieben wären. Die Vergrößerung des Möglichkeitsraums ist demnach davon abhängig, ob und wie viele andere Beobachter bereit sind die Kausaleinheit zu bewahrheiten und wie intendiert wirken zu lassen.

Den imaginierten Diktator gibt es nicht und dementsprechend ist jede Person grundsätzlich frei, weder Absichten einer Kausalität oder ihre formalen und materiellen Bedingungen bzw. Gesetze, die in die Konstruktion von Kausaleinheiten einflossen, anzunehmen noch sich ihnen hinzugeben. In dieser Aussage unberücksichtigt bleiben die mannigfaltigen und tatsächlich bestehenden sozialen oder natürlichen Umstände, denen jede Person ausgesetzt wird. Die Entwicklung größerer Strukturen als Antwort auf diese Umstände und der Weg, mit ihnen umzugehen, setzt aber eben eine ausreichende Anzahl von Personen voraus, die gewillt sind, die in die Struktur eingearbeiteten Kausaleinheiten zu bewilligen. Die Bewilligung bezieht sich auf die a priori in die Kausaleinheit hineingelegte Absicht bzw. ihre Ausrichtung, d.h. die Bewilligung ihrer Wirkung. Die Ablehnung einer Kausaleinheit, die simpel durch die Entscheidung für die Beobachtung von anderen Raumteilen ausgedrückt werden kann, führt dazu, dass für den ablehnenden Beobachter die Kausalität nicht besteht bzw. diese nicht anerkannt oder erkannt wird. Dementsprechend wäre es für den nicht gewillten Beobachter auch nicht möglich, die Wirkung einer Handlung vorherzusagen bzw. in sein

Kalkül einzubeziehen. Stark überzeichnet, würde bspw. ein Beobachter, der die natürliche oder gesetzliche Einteilung der Zeit nicht akzeptiert, nicht in der Lage sein, sich mit einer anderen Person zu einem zukünftigen Zeitpunkt an einem bestimmten Ort zu verabreden, weil er dann bspw. um Stunden oder Tage zu spät oder zu früh dort erschiene. Genauso wäre es anderen Personen auch nicht möglich, sich mit ihr zu verabreden. Oder die Person könnte versuchen mit dem Auto von ihrem Wohnort in eine andere Stadt zu gelangen, würde aber, wenn sie die geltenden Straßenverkehrsregeln nicht akzeptierte und die Straßen und Wege benutzte, wie es ihr gerade in den Sinn käme, sich nur unter großer Unsicherheit bewegen können. Die Wahrscheinlichkeit eines Unfalls wäre signifikant erhöht, vermutlich wäre es wahrscheinlicher, dass sie einen Unfall hat und ihr Ziel nicht erreicht, als dass sie keinen Unfall hat und ihr Ziel erreicht. Oder bezogen auf das weiter oben verwendete Beispiel vom Lehrling gäbe es unzählige Möglichkeiten, was der Lehrling machen könnte, wenn er sich mit der Aufforderung des Vorarbeiters, eine Kelle zu holen, nicht identifizierte bzw. sie nicht erfüllen will. Er könnte so tun, als ob er den Vorarbeiter nicht verstünde, brächte ihm einen anderen Gegenstand oder finge erst gar nicht zu suchen an, sondern sagte: „Hol sie doch selbst" usw. usf. Auch in diesen Fällen kämen Identität bzw. die beabsichtigte Wirkung nicht zustande.

Hier zeigt sich nochmals die widersprüchliche Natur der Kausalität, nämlich dass einerseits Kausalitäten die Verwirklichung des Willens, seine Objektivierung und damit ein Wachstum des persönlichen und individuellen Möglichkeitsraums, also Freiheiten, ermöglicht und andererseits diese Wirkungen davon abhängen, dass die teilnehmenden Personen die Bedingungen bzw. Regeln der Kausalitäten, welche ggf. auf die individuelle und willkürliche Entfaltung einschränkend wirkt, annehmen. Sie verzichten also zugunsten der Kausalität und des damit verbundenen Zugewinns an

Verwirklichungsmöglichkeiten auf persönliche Willkürlichkeit, einer vermeintlichen persönlichen Freiheit. Anstelle mit dem Auto willkürlich durch die Gegend zu fahren, unterwerfen sich Autofahrer den Verkehrsregeln. Durch die Einschränkung der persönlichen Willkür gewinnen die Autofahrer durch die Verkehrsregeln Freiheit, da sie nun vor dem Antritt einer Autofahrt mit hinreichend genauer Wahrscheinlichkeit a priori vorhersagen können, wie lange sie für die Strecke von A nach B benötigen und dass sie mit hoher Sicherheit diese Reise auch überleben werden. Beides wäre nicht möglich, wenn jeder Autofahrer willkürlich durch die Landschaft fahren würde. Unfälle wären auf der Tagesordnung. Genauso führt die Akzeptanz der sozioökonomischen Kausalität Geld zum Freiheitsgewinn, mit dem verfügbaren Geld schnell planen und ermitteln zu können, was damit alles gekauft und beschafft werden kann. Auf der anderen Seite wird damit aber auch akzeptiert, dass dieses Geld durch bestimmte Aktivitäten und persönlichen Zeitaufwand erwirtschaftet werden muss. Die Konstruktion großer und komplexer Kausalitäten, letztlich der Aufbau von freien Gesellschaften, setzt also eine Offenheit – einen bestimmten geistigen Zustand – für eine freiwillige Teilnehme von Beobachtern voraus. Es deutet sich an dieser Stelle bereits eine universelle Moralität der Kausalität an, die auf die Erweiterung des Möglichkeitsraums und der Freiheiten durch Annahme von kausalen Einschränkungen abzielt.

B. Emergente Eigenschaften von Kausalität und Freiheit

Nachdem im ersten Abschnitt die grundlegende Mechanik der Kausalitätskonstruktion, insbesondere anhand der symbolisch-abstrakten Kommunikation, offengelegt wurde und auf erste daraus entstehende Widersprüchlichkeiten und Dynamiken hingewiesen wurde, führen die Überlegungen zur Freiheit aus Kausalität nun schrittweise über sich selbst hinaus und behandeln Sachverhalte sowie Fragen, die überhaupt erst bei Vorliegen von Kausalität entstehen. Insofern setzt die weitere Untersuchung in diesem Abschnitt voraus, dass meine bisherige Konstruktion und mein Verständnis von Freiheit und Kausalität stimmig seien. In den nun beginnenden Untersuchungen nehmen der Selbstbezug auf die bisherigen Ausführungen und Theoreme stetig zu, indem ich darauf aufbaue und fokussiere, welche weiteren Eigenschaften Kausaleinheiten aufweisen. Anfangen möchte ich mit Fragestellungen, wie sich überhaupt Kausaleinheiten nachweisen lassen und welche Anwendungsmöglichkeiten bestehen, bevor ich schließlich danach frage, wie sich die Veränderung von Möglichkeitsräumen universell beschreiben lässt, wo prinzipielle Grenzen der Freiheit liegen und wie sich der Mensch angesichts seiner endlichen Existenz verhalten soll.

1. Hinreichende Erfüllung der Konstruktionsbedingungen

Damit Kausalität existieren kann, muss also ein Komplex aus formellen, materiellen und – gemäß den Ausführungen über die Notwendigkeit einer willentlichen Akzeptanz – auch psychischen Bedingungen in wiederholbarer Konstellation erfüllt sein. In diesem Abschnitt gehe ich der Frage nach, wie sich die Existenz von Kausalität in einem konkreten Sachverhalt nachweisen lässt und in welcher Art und Weise die Kategorien einzeln und gemeinsam erfüllt sein müssen. Zusammenfassend grenzen die Kategorien Bedingungen und Regeln über nachstehende Voraussetzungen ein, damit in Kausaleinheiten eine beabsichtigte Wirkung wiederholt erzeugbar wird:

(1) Formell	(2) Materiell	(3) Psychisch	(4) Wiederholung
Regeln über die Kombinationsmöglichkeiten von Raumteilen innerhalb eines Beobachtersystems	Räumliche Abgrenzung des Beobachtersystems und materiell-körperliche Eigenschaften der Raumteile innerhalb des Beobachtersystems	Geistiger Zustand des Beobachters innerhalb des Beobachtungssystems	Die Beobachtung der inhaltlichen Elemente der Bedingungskategorien (1) bis (3) bringt wiederholt dieselbe Wirkung hervor

Auf Basis meiner bisherigen Überlegungen und Ausführungen zur Konstruktion von Kausaleinheiten gehe ich zunächst davon aus, dass für die Erzeugung von Kausalität notwendigerweise alle Kategorien inhaltlich in wiederholter Konstellation bestimmt sein müssen: (1) Die Kombination oder Verhältnisbildung aus unterschiedlichen Raumteilen muss gemäß den formellen Regeln eine zulässige Kombination sein. Zulässig bedeutet in diesem Zusammenhang, dass es eine bekannte Kombination ist, deren Wiederholung und Übereinstimmung mit den Regeln bewahrheitet werden kann. Eine korrekte, d.h. wahre, Anwendung der Kombinationsregeln stellt die Anschlussfähigkeit und Einbettung in das Gesamtregelwerk sicher und ermöglicht dessen logische Fortsetzung, bspw. die Schlussfolgerung auf die Ursache oder Übertragung auf andere Beobachtersysteme und ermöglicht die empirische Verifikation in unterschiedlichen Beobachtersystemen. Praktische Beispiele für Regeln zu formellen Kombinationsmöglichkeiten von Raumteilen sind sprachliche Grammatiken, mathematische Gesetze, Naturgesetze, soziale Regelungen wie bspw. Verkehrsregeln oder Rechtssysteme usw. usf. (2) Die materiell-körperlichen Eigenschaften von Raumteilen eines räumlich eingegrenzten Beobachtersystems müssen die Beobachtung einer formal korrekten Kombination von Raumteilen ermöglichen, damit die Wirkung realisiert wird. Dies grenzt bspw. ein, dass sich die zu kombinierenden Raumteile innerhalb des Wahrnehmungshorizonts des Beobachtersystems befinden müssen, damit sie überhaupt wahrnehmbar sind. Ferner dürfen die zu kombinierenden Raumteile keine materiellen oder geometrischen Eigenschaften aufweisen, die formell ausgeschlossen wurden und sich auch Raumteile, die außerhalb des Beobachtersystems existieren und auf es einwirken, hinreichend genau ausschließen lassen. Schließlich muss sich der materielle Zustand der zu kombinierenden Raumteile wiederholt hinreichend genau feststellen lassen. So gelten bspw. Verkehrsregeln nur für bestimmte im Verkehr zugelassene Fahrzeuge und Objekte, d.h., die materiellen Eigenschaften dieser Gegenstände sind vorab auf bestimmte Bereiche, wie max. Gewicht, Länge, Höhe usw. usf. beschränkt, damit sie am Verkehr teilnehmen dürfen und die beabsichtigte Wirkung, nämlich ein effizienter und sicherer Verkehrsfluss, möglich wird. (3) Der Zustand des Beobachters muss mehrere Kriterien erfüllen, nämlich dass er gewillt und fähig ist, die Beobachtung auszuführen, d.h., sich in einem wachen, aufmerksamen und hinsichtlich seiner Wahrnehmungsorgane nicht eingeschränkten Zustand befindet, und schließlich auch die formellen Regeln sowie räumlichen Beschaffenheiten innerhalb seines Beobachtersystems kennt, um die Anwendung der formellen Regeln auf unterschiedliche Raumteile wiederholt überprüfen und bewahrheiten zu können. Der Beobachter ist hier als diejenige Person zu verstehen, die eine Kausaleinheit erzeugt oder vorgefertigte Kausalität benutzt und damit eine beabsichtigte, d.h. gewollte, Wirkung wiederholt herbeiführt. D.h., unter die psychische Voraussetzung fällt auch die Intention, die der Kausalität zugrunde liegt, entweder selbst hervorzubringen oder diese in einer Kausalität nachzuweisen. Im Falle von natürlichen Vorgängen, die nicht von Menschen intendiert werden (können), bezieht sich die Intention vornehmlich darauf, die Kausalität erklären und die „Absicht der Natur, Gottes oder sonst einer Macht", der die Fähigkeit, die Kausalität wollen zu können, zugeschrieben wird, aufdecken zu wollen. Ein betrunkener oder durch andere bewusstseinsverändernde Stoffe beeinflusster Verkehrsteilnehmer erfüllte regelmäßig nicht die psychischen Bedingungen für eine zuverlässige Realisierung der Kausalität „effizienter und sicherer Verkehrsfluss" und würde bei Feststellung seines Zustands entsprechend an der Teilnehme gehindert werden. (4) Schließlich kann nur bei wiederholter Beobachtung der inhaltlichen Elemente aller drei Bedingungskategorien von einer (bewahrheiteten) Kausalität gesprochen werden: Wenn ich einen Lichtschalter wiederholt betätige und regelmäßig dieselbe Lichtquelle ein- und ausgeschaltet wird, handelt es sich mit sehr hoher Sicherheit um eine Kausalität. Demgegenüber stellt sich die Situation anders dar, wenn ich versuche über mehrere Jahre jeden Tag zu Fuß 2 km zu meiner in Deutschland gelegenen Arbeitsstelle zu gelangen, ohne nass zu werden. Einige Male wird sich sicherlich die beabsichtigte Wirkung beobachten lassen, an vielen Tagen jedoch aufgrund der sich über das Jahr stetig ändernden Wetterbedingungen nicht. Über eine zuverlässige Kausalität, die von verschiedenen Beobachtern regelmäßig bewahrheitet werden kann, lässt sich hier nicht sprechen. Insofern gibt uns die Analyse der vier kategorialen Konstruktionsbedingungen von Kausalität Werkzeuge an die Hand, verschiedene Sachverhalte hinsichtlich ihrer Kausalität und Konstruktionsmerkmale zu untersuchen.

Umfänglich behandelt wurde bereits die elementare Kausalität der menschlichen Kommunikation. Durch Symbole, die flexibel mit unterschiedlichen Materialien hergestellt werden können, lassen sich Botschaften zwischen verschiedenen Personen übermitteln, regelmäßig und zuverlässig beabsichtigte Wirkungen erzielen. Über die Evolution der menschlichen Kommunikation lässt sich sodann auch beobachten, dass einmal etablierte Kausaleinheiten, bspw. die Schriftsprache, auf das eigene formale Regelwerk der zulässigen Kombinationsmöglichkeiten angewandt werden können und sich infolgedessen das eigene Regelwerk auszudifferenzieren vermag. Impulse für die Veränderung des eigenen formalen Regelwerks können auch aus erfolglosen, d.h. falschen, Anwendungen auf Raumteile resultieren, die bestimmte, vom Regelwerk zuvor nicht erfasste, Eigenschaften aufweisen und eine Anpassung des Regelwerks notwendig machen. Konkretisieren wir die praktische Anwendung des Analysewerkzeugs anhand eines gesellschaftlichen Beispiels: ein Fußballwettbewerb.

Eine Person, die die Kausalität eines Fußballwettbewerbs erzeugen möchte, müsste also zunächst eine beabsichtigte Wirkung im Sinn haben. Diese Absicht könnte lauten, dass es unterschiedliche Spieler geben soll, die ihr Fußballkönnen vergleichen und die „besseren" Spieler den Wettbewerb gewinnen, dafür gefeiert werden und einen Gewinn erhalten. Im Weiteren ist es für die Kausalitätskonstruktion notwendig, dass weitere Regeln aufgestellt werden, welche Spieler teilnehmen dürfen, dass sie in verschiedene Mannschaften eingeteilt werden, geschossene Tore als Vergleichsmaßstab für das Können herangezogen werden, dass die Tore einer jeden Mannschaft gleich groß sein sollen, Handspiel verboten ist, die Spieler ein bestimmtes Alter und körperliche Fähigkeiten aufweisen sollen, jede Mannschaft über die gleiche Anzahl Spieler verfügt, das Spielfeld eingegrenzt ist usw. usf. Zu guter Letzt ist es für die Realisierung

dieser Kausalität notwendig, Spieler zu finden, die als zu kombinie-
rende materielle Raumteile die notwendigen formalen Bedingungen
erfüllen und insbesondere auch die psychischen Voraussetzungen
erfüllen: Sie müssen gewillt und fähig sein, das Regelwerk zu verstehen und korrekt anzuwenden. Sofern all diese Bedingungen erfüllt
sind, wird sich zuverlässig und regelmäßig, d.h. in verschiedenen
Fußballwettbewerben, die beabsichtigte Wirkung realisieren lassen.
Dieses Beispiel deutet auch bereits weitere emergente Eigenschaften
von Kausaleinheiten an: Der die Kausalität erschaffende Beobachter
kann selbst aktiver Teilnehmer seiner eigenen Kausaleinheit sein. Er
könnte Erfinder des Spiels sein und selber auch als Fußballspieler
teilnehmen.

Aber was passiert, wenn die Bedingungen nicht erfüllt werden?
Die Spieler könnten sich nicht an die Regeln halten, würde bspw.
die Hand zu Hilfe nehmen, um Tore zu erzielen, oder könnten ihre
Mannschaft mit mehr Spielern auflaufen lassen oder die formellen
Regeln nicht vorschreiben, dass die Tore gleich groß sind, die Spieler
bestimmte körperliche und geistige Fähigkeiten aufweisen müssen
usw. usf. Sofern diese Handlungen nicht im Rahmen des formellen
Regelwerks sanktioniert oder ausgeschlossen werden, würden im
Ergebnis Spieler, die auf diese Weise mehr Tore erzielt haben, als
„bessere" gelten und den Gewinn einstreichen, aber sicherlich nicht
für ihr Fußballkönnen gefeiert werden. Die beabsichtigte Kausalität
käme insofern nicht zustande, sondern – sofern das formelle Regelwerk nicht angepasst wird und sich die willkürliche Interpretation
institutionalisiert – eine andere Kausalität. Darüber hinaus wäre es
prinzipiell möglich, dass die übrigen Fußballspieler nicht freiwillig
teilnehmen, sondern unter Androhung einer fürchterlichen Strafe gezwungen werden und teilnehmen, weil sie gewillt sind der Strafe zu
entgehen. Denkbar wäre auch, dass Zuschauer gezwungen werden
den Fußballwettbewerb zu begleiten und „den Gewinner" zu feiern.

Dann wären großzügig betrachtet alle Bedingungen erfüllt und die Kausalität des Fußballwettbewerbs ließe sich vorschnell bewahrheiten. Bei genauer Betrachtung fällt aber auf, dass zusätzliche notwendige Bedingungen erfüllt sein müssen, nämlich die Zwangsteilnahme durch Gewaltandrohung. Dies sind Einwirkungen, die außerhalb des Beobachtungssystems Fußballwettbewerb liegen und ohne deren Existenz sich keine Kausalität Fußballwettbewerb ergeben würde. Insofern handelt es sich auch um eine andere Kausalität und auch um eine Verschiebung der Grenzen der beteiligten Beobachtersysteme.

Die Beispiele veranschaulichen einerseits, dass zwar die Existenz der Bedingungskategorien notwendig, aber nicht hinreichend ist und die inhaltliche Ausgestaltung der Bedingungskategorien über ein hinreichendes Minimum nicht notwendig ist, um Kausalität zu erzeugen.[36] Bereits kleine Veränderungen in der Ausgestaltung der Bedingungskategorien führen zu unterschiedlichen Kausalitäten und unterstreichen, dass Kausalitäten stets vom Beobachter und seinem Beobachtersystem abhängig sind. Eine besondere Sorgfalt in der Analyse von Kausalitäten ist daher erforderlich, insbesondere ob sich die beabsichtigte Wirkung zuverlässig wiederholen lässt. Von den genannten Bedingungskategorien vermute ich insofern, dass die Untersuchung der formellen Kategorie am einfachsten ist, weil ihre Elemente und Symbole, die zur Konstruktion von Kausaleinheiten benötigt werden, vielfach mit geringem Aufwand hinreichend genau reproduziert und damit erlernt werden können (bspw. Rechenregeln, Verkehrsregeln, Spielregeln, Grammatik usw. usf.). Vermutlich ist im Fall von Mathematik die Genauigkeit, ihre Regeln zu reproduzieren, am höchsten, während in der Sprache die genaue Anwendung grammatikalischer Regeln häufig nicht notwendig ist, da die Aussage ei-

---

36 Vgl. dazu auch die logische Figur der INUS-Bedingung. INUS steht für die Verschachtelung notwendiger und hinreichender Bedingungen („insufficient, but necessary part of an unnecessary but sufficient condition").

nes Satzes erfasst werden kann, auch wenn bspw. ein Artikel falsch benutzt wurde, was weiter oben im Sinne von Wittgenstein behandelt wurde. Deutlich schwieriger dürfte die Analyse der materiellen und psychischen Bedingungen sein. Die exakte Eingrenzung des Beobachtersystems, die Abschirmung gegen äußere Einwirkungen, die nicht Teil der Kausaleinheit sein sollen, und die Festlegung der materiellen Eigenschaften der relevanten Raumteile sind in den meisten Fällen aufgrund der physikalischen Vielfalt des alltäglichen Lebens schwierig. Zusätzlich sind eine exakte Wiederholung und Bewahrheitung von Beobachtungen – wie oben gezeigt wurde – physikalisch unmöglich. Eine Person kann demnach nie vollkommen sicher sein, dass die Farbe Rot für eine andere Person genauso aussieht wie für sich selbst. Allein die einzigartige Molekularstruktur oder Genetik und Lebensgeschichte eines jeden Beobachters macht ihn zu einem andersartigen Empfänger von Wahrnehmungen, wird die Farbe Rot auf jeden Beobachter leicht anders wirken. Auch ist der psychische Zustand des Beobachters und seine Absicht in der Verwendung oder Erzeugung von Kausaleinheiten häufig unklar und nur selten entweder voll bejahend oder voll ablehnend. Insofern kommt der *nicht notwendigen, aber hinreichenden* Erfüllung der Ausgestaltung der Bedingungskategorien eine besondere Bedeutung als emergente Eigenschaft von Kausalität zu.

Bezogen auf das Lehrlingsbeispiel weiter oben, könnte es der Fall sein, dass der Lehrling die von ihm erwartete Handlung durchführte (er die Kelle holte), aber in dessen Bewusstsein völlig anderes wahrgenommen wurde. Der Lehrling also z.B. sprachlich gar nichts von den Anweisungen verstand oder dachte, der Vorarbeiter hatte einen Pinsel gewollt, er dann aber vergaß oder nicht wusste, wie ein Pinsel aussähe und ihm deshalb das nächstbeste Werkzeug gab, welches zufällig dasjenige war, welches der Vorarbeiter tatsächlich haben wollte (die Kelle). Nun könnte aus der beobachteten Wirkung (der Lehrling holt auf die Aufforderung des Vorarbeiters hin, wie beabsichtigt, die Kelle) auf die Existenz einer Kausaleinheit und die Erfüllung aller Bedingungen geschlossen werden, was tatsächlich jedoch nicht der Fall gewesen war. In diesem Beispiel war es ein Zufall, der die Existenz einer Kausaleinheit suggeriert. Deshalb spreche ich von hinreichenden Bedingungen. Es kann bei der Beobachtung einer Wirkung nicht notwendigerweise auf ihre Prämissen, ihre Ursache(n), geschlossen werden. Wie sich bereits an dem Beispiel des Fußballwettbewerbs zeigen ließ, gibt es zu viele mögliche Prämissen, von denen ein Beobachter nicht mit exakter oder hoher Sicherheit sagen kann, welche davon für die Beobachtung einer Wirkung notwendig und hinreichend waren. Um die Sicherheit und Zuverlässigkeit einer Kausalität zu erhöhen, versucht der Mensch die Bedingungen einer Beobachtung daher weiter abzugrenzen und als notwendig und hinreichend festzulegen.

Plastisch anschaulich wird dies im Bereich der Naturwissenschaften, wo ein Aufbau für die Durchführung eines Experiments festgelegt wird, sodass das Beobachtungssystem klar abgegrenzt und die Unsicherheiten über die Beobachtungsbedingungen so stark reduziert werden, dass es möglich wird – innerhalb des Beobachtungssystems –, von notwendigen und hinreichenden Bedingungen für die Beobachtung einer Wirkung zu sprechen. Die Komplexität einer Kausalität wird so in grundlegende Kausaleinheiten und notwendige Bedingungen reduziert, sodass die Erfüllung der Bedingungen durch andere Personen überprüfbar wird und die Wiederholung einer Beobachtung mit einer hinreichenden Genauigkeit möglich ist. Im Weiteren kann dann auch eine graduelle und bewusste Veränderung einzelner Beobachtungsbedingungen, die Suche nach gesetzmäßigen Zusammenhängen zwischen veränderten Bedingungen und resultierender Wirkung erleichtern. Ferner reduziert sich die psychische Bedingtheit auf ein Minimum.

Außer dem Experimentator gilt es, für die Erzeugung einer Kausalität keine weiteren psychischen Bedingungen zu berücksichtigen und sofern sich naturgesetzliche Kausaleinheiten konstruieren lassen, genügt die Feststellung, dass einerseits der Experimentator gewillt war den Kausalzusammenhang zu erforschen bzw. zu erlernen und andererseits sich die resultierende Wirkung auf den Willen der Natur, Gott oder sonst wie bezeichneten Macht zurückführen lassen, dessen Willen sich in dem Naturschauspiel widerspiegelt. Eine weitere Erklärungsnotwendigkeit, wessen Willen sich in Naturgesetzen widerspiegelt, findet hier ihr Ende. Tatsächlich ist es für viele Personen auch nicht notwendig Naturkonstanten, wie bspw. die Lichtgeschwindigkeit, und ihre Wirkungen weiter zu erklären, da deren Wirkung hinreichend wahr und damit real genug ist und der Mensch sich dieser Wirkungen in Kausaleinheiten selbst bemächtigen und willentlich ausrichten kann. Dafür muss er zwar notwendigerweise die psychischen Bedingungen der willentlichen Annahme der Naturgesetze sowie die Erlernung deren formeller und materieller Anforderungen erfüllen, ist aber frei darin, sich auf Teile dieser Anforderungen zu beschränken. Eine Person, die zwar nicht das gesamte Regelwerk der Physik wissen möchte und kennt, kann dennoch in der Lage sein, Teilausschnitte davon hinzunehmen und sie für die Konstruktion einer Kausaleinheit anzuwenden. Auch hier wird wieder deutlich, dass die psychischen Bedingungen notwendigerweise erfüllt sein müssen, in ihrer inhaltlichen Ausgestaltung aber eine hinreichende Erfüllung ausreicht.

Eine weitere dramatische Reduktion der inhaltlichen Ausgestaltung der Bedingungskategorien lässt sich in der Geisteswissenschaft, genauer in der Mathematik und ihren Zahlen, erzielen. In ihr reduzieren sich neben den psychischen Voraussetzungen für eine Kausalität auch die materiellen auf ein absolutes Minimum. Eigentlich existiert diese Kausaleinheit sogar nur gedanklich und beansprucht daher physikalisch nur einen minimalen Raum, nämlich ein Minimum an Zeichenhaftigkeit und den Raum einer gedanklichen Vorstellung. Dies bedeutet, dass sie hinsichtlich ihrer stofflich-materiellen Eigenschaften (Gewicht, Oberfläche, Farbe usw. usf.) mit minimalen Festlegungen auskommt. Das Beobachtungssystem wird also nur von einer minimalen Anzahl materieller Bedingungen beeinflusst, wodurch die Abhängigkeit von der materiellen Beschaffenheit des Beobachtersystems minimiert wird. Da es bei der materiellen Wahrnehmung einer Zahl weder um den Geschmack, Geruch oder Haptik geht – sogar das Hören ist nicht notwendig –, sondern vornehmlich um die geometrische Optik geht, steht das Aussehen des Symbols im Vordergrund. Mit wenigen Elementen, einem senkrechten Strich und einem sehr viel kleineren Strich, der vom oberen Ende des größeren Strichs in einem leicht geöffneten Winkel nach links führt, ist eine „1" dargestellt. Dabei ist es unerheblich, ob diese „1" elektronisch auf einem Bildschirm erzeugt wird, mit einem Kohlestift auf Papier oder mit der Hand im Sand. Das Material, aus dem das Symbol in einem Beobachtersystem geformt wird, ist sekundär. Auch spielt es keine Rolle, auf welchem Material das Symbol im Beobachtersystem dargestellt wird oder ob sie exakt den zuvor als „1" identifizierten Symbolen entspricht. Die Wahrnehmungstoleranz, eine in und auf unterschiedlichsten Materialen dargestellte „1" hinsichtlich ihrer Wirkung als eine mathematische „1" zu erfahren, ist ziemlich groß. Solange notwendige Bedingungen hinsichtlich ihrer räumlichen Form erfüllt sind, bspw. dürfen die Verhältnisse der beiden Striche zueinander und der Öffnungswinkel nicht zu weit von dem erlernten Formschema für die Wirkung einer „1" abweichen, wird sie regelmäßig und zuverlässig, also hinreichend genau, in verschiedenen Beobachtungssystemen als „1" wahrgenommen und wirkt entsprechend. Notwendige Voraussetzung dafür ist, dass der Beobachter die Form zuvor erlernte[37] und er gewillt und fähig ist diese Form auch als solche, als eine „1", wahrzunehmen. Die materiellen Ausrichtungs- oder Ausgestaltungsmöglichkeiten für das Symbol sind formell stark eingegrenzt, aber dadurch mit vielfältigen und unterschiedlichen Raumteilen in unterschiedlichsten Beobachtungssystemen reproduzierbar. Sobald die Form der „1" deutlich anders aussieht, würde sie wohl als solche nicht mehr wahrgenommen werden, sondern vielleicht als eine andere Zahl oder gänzlich anderes Symbol; es ließe sich dann nicht mehr a priori vorhersagen, welche Wirkung solch ein deformiertes und nicht als „1" identifiziertes Ding hätte. Aus unserer alltäglichen Erfahrung wissen wir, dass Zahlen und ihre Formen tatsächlich universell verwendet und verstanden werden, entsprechend wirken und so der Schluss möglich wird, dass sie mit hinreichender Gewissheit von den Beobachtern identisch wahrgenommen werden – sie „gleich" aussehen und weitere materielle Qualitäten für eine zuverlässige Wahrnehmung nicht benötigt werden.

Mit der Reduktion der materiellen und psychischen Bedingungen verbleiben nur die formellen Konstruktionsbedingungen, anhand derer ein Beobachter mathematische Kausaleinheiten ausdifferenzieren und entwickeln kann. Die Festlegung des Aussehens der „1" in einer bestimmten Form macht insofern nur Sinn, wenn es demgegenüber andere Formen gibt, die etwas anderes bezeichnen. Die Mathematik bedient sich sprachlicher Kausaleinheiten, um in Regelwerken Kausaleinheiten über (geometrische) Formen, also wie unterschiedliche (geometrische) Formen zueinander im Verhältnis

---

37 Diese Voraussetzung verdeutlicht nochmal die evolutive Entwicklung von Kausalitäten, im Sinne von „die Natur macht keine Sprünge". Die Ausdifferenzierung der Bedingungskategorien und Entwicklung von komplexen Kausalitäten setzt die in menschlichen Zeitverhältnissen langsame Entwicklung elementarer Kausaleinheiten und stetige Kombination und Erprobung neuer Kausaleinheiten voraus.

stehen, festzulegen. Im konkreten Fall der Zahlen bestimmen sprachlich formulierte Axiome darüber, was natürliche Zahlen und damit auch eine „1" seien. Dazu gehört die Axiomatik der Peano-Arithmetik, die u.a. besagt, dass jede natürliche Zahl einen Nachfolger habe und natürliche Zahlen mit gleichem Nachfolger gleich seien.[38] Über diese Methodik, mit Hilfe von sprachlichen Sätzen Regeln bzw. Definitionen über die Verhältnisse unterschiedlicher Formen aufzustellen, werden die kausale Gesetzmäßigkeit der Zahl(en) und ihre Kombinations- und Ausrichtungsmöglichkeiten konstitutionalisiert: Wie die „1" mit einer weiteren „1" oder anderen Zahlen kombiniert werden kann, welche Wirkung sich dann ergibt usw. usf.

Im Ergebnis ermöglicht die Festlegung des Regelwerks dem Beobachter a priori Wirkungen in Form von Rechenergebnissen gesetzmäßig und zuverlässig vorherzusagen. Und da die materiellen und psychischen Anforderungen an den Beobachter und sein Beobachtersystem derart minimal sind, bedeutet dies nichts weniger, als dass Rechenoperationen mit mathematischen Kausaleinheiten, hier der „1", mit Beteiligung einer sehr großen Anzahl unterschiedlicher Beobachter möglich werden. Die Zahlen werden damit im wahrsten Sinne des Wortes objektiv und hinsichtlich ihrer Wirkung sehr sicher vorhersagbar; anders als die Vorstellung einer Kelle, die es in sehr unterschiedlichen Formen und Materialien gibt, die materiellen und psychischen Identifikationsanforderungen sind spezieller und werden damit seltener erfüllt. Wenn keine nahezu identische Wahrnehmung von Zahlen wie „1" und „2" sowie Kenntnisse über ihre grundlegenden Kombinationsmöglichkeiten bestünden, wäre es nicht möglich, zu beurteilen, ob „1 + 1 = 2" wahr oder falsch ist, denn jeder würde in „1" etwas anderes sehen und verstehen oder überrascht sein, dass diese Zahlen miteinander zu einer zweiten Zahl

---

umgewandelt werden könnten; die Addition wäre eine unbekannte und ggf. unzulässige Vorgehensweise. Dementsprechend könnte die Kausalität von Zahlen nicht existieren. Die einfache Bewahrheitung der Bedingungskategorien für die Kausalitäten der mathematischen „Grundrechengrammatik" erlaubt deren universelle und zuverlässig wiederholbare Anwendung. Demgegenüber nehmen mit wachsender Komplexität des mathematischen Regelwerks die Anforderungen an die psychischen Voraussetzungen des Beobachters zu: Während Grundrechenarten noch einfach und von einer Vielzahl von Beobachtern erlernt und mathematische Kausaleinheiten damit überprüft und bewahrheitet werden können, sieht das mit mathematischen Regeln zur Kurvendiskussion und Integralrechnung usw. usf., die auf einer Vielzahl mathematischer Grundregeln aufbauen, schon anders aus.

Aus den Erläuterungen leite ich das Argument ab, dass „komplexe" Kausaleinheiten (die ggf. physikalisch auch größere Räumlichkeiten beanspruchen) allein aufgrund der größeren Anzahl ihrer unterschiedlichen materiellen Wahrnehmungsmöglichkeiten für Beobachtungen (und das Denken) in diesem speziellen Sinne mehrdeutig sind und seltener bewahrheitet werden als „einfache" Kausaleinheiten, die nur wenige Unterscheidungsmöglichkeiten für Beobachtungen (und Denkvorgänge) bieten. „Komplex" und „einfach" verstehe ich hier so, dass „komplexe" Kausaleinheiten aus anderen, einfacheren Kausaleinheiten konstruiert wurden. In diesem Sinne behaupte ich, dass die Symbole „1" und „0" die einfachsten Kausaleinheiten der Mathematik sind und sich alle weiteren mathematischen Kausaleinheiten aus ihnen konstruieren lassen: Hinsichtlich der formellen Bedingungen beschreibt die Zahl „1" ein einzelnes Element in einer Menge von Elementen und jede größere Zahlenmenge, d.h. die ganzen, rationalen und reellen Zahlenmengen, aus ihr aufgebaut sind. Damit erschließt die „1" den gesamten Möglichkeitsraum, der nicht in „0" enthalten ist. Die Null wiederum beschreibt einen

Raum, der keine Elemente enthält. Sie stellt lediglich einen leeren Raum dar. Alle mathematische Kausalität dürfte sich demnach in eine Kombination dieser beiden Kausaleinheiten zergliedern und umgekehrt konstruieren lassen. Bei der Konstruktion komplexer Zahlen bzw. Kausaleinheiten aus diesen beiden elementaren Kausaleinheiten (bspw. die Konstruktion einer „3") nimmt der mathematische Möglichkeitsraum derart schnell zu, dass trotz einfacher Erfüllung der materiellen und äußerlich förmlichen Bedingungen bei der Wahrnehmung der neu konstruierten Zahlen die notwendige Erfüllung der formellen Bedingungen, die für die Konstruktion der Kausaleinheit gelten, in der Erfahrung der Wirkung zu hinreichenden Bedingungen werden. Es kann nach Beobachtung der größeren, zusammengesetzten Kausaleinheit der „3", nicht mehr eineindeutig auf die Konstruktion bzw. den Rechenweg, der ursächlich von einer Person in der Konstruktion der größeren Kausaleinheit durchgeführt wurde, geschlossen werden. So ließe sich die Kausaleinheit einer „3" bspw. als $0 + 3 = 3$, $1 + 2 = 3$, $2 + 1 = 3$ oder $1 + 1 + 1 = 3$ konstruieren. Bei Hinzunahme anderer Zahlenmengen als den natürlichen Zahlen, die sich jeweils alle auf „1" und „0" zurückführen lassen, gäbe es unzählige weitere Möglichkeiten. Insofern wird die Erfüllung der formell notwendigen Bedingung, nämlich die Einhaltung der formell-logischen Rechengesetze zur Konstruktion und Wirkung des Zahlenelements einer „3", zu einer hinreichenden Bedingung.

Im Ergebnis dieses Abschnitts möchte ich festhalten, dass Kausaleinheiten entstehen, wenn die notwendigen materiellen, formellen und psychischen Bedingungskategorien wiederholt hinreichend genau erfüllt sind. Die wiederholte Erfüllung der Bedingungskategorien ist notwendig, aber ihrem konkreten Inhalt nach, ist nur eine hinreichende Genauigkeit erforderlich, damit die intendierte Wirkung entsteht. Ein notwendiger Ursachenpfad lässt sich aufgrund dieser Eigenschaften bei komplexen Kausalitäten nicht mehr feststellen.

Am Beispiel der Mathematik wird gezeigt, dass selbst bei Reduktion der inhaltlichen Ausgestaltung der materiellen und psychischen Bedingungskategorien auf ein Minimum die Ausdifferenzierung der verbleibenden formal-logischen Rechenregeln zu einem rasanten Wachstum des (mathematischen) Möglichkeitsraums, einschließlich komplexer Kombinationsmöglichkeiten, führen können. Schon anhand einfacher Zahlenbeispiele lässt sich zeigen, wie aufgrund hinreichend erfüllter Bedingungen ein eindeutiger Ursachenpfad für eine Rechenwirkung ausgeschlossen wird. Wenn diese Verdunkelung der Ursachenseite schon in der logisch-stringenten und an materiellen Bedingungen armen Mathematik zu beobachten ist, welche Konsequenzen folgen aus dieser Einsicht dann erst für die Konstruktion und Anwendung von komplexen Kausaleinheiten im Bereich der Naturwissenschaften oder Gesellschaft insgesamt? Ungeachtet dessen ermöglicht die Auswertung der hinreichenden Bedingungen eines wiederholbaren Sachverhalts die Feststellung, ob es sich um eine Kausalität handelt oder nicht und welches die entscheidenden Konstruktionsbedingungen sind, was insbesondere angesichts der modernen komplexen Lebenswelten eine wichtige Voraussetzung für aussagekräftige Analysen ist.

2.   Betrachtungen zur Komplexität

Zunächst möchte ich klären, was ich unter Komplexität im Zusammenhang mit Kausalität verstehe: Komplexität entsteht für mich in diesem Zusammenhang, wenn viele unterschiedliche Elemente in einer einzelnen Kausaleinheit miteinander verbunden werden und sich eine spezifische Wirkung ergibt, die Bewahrheitung einer einzelnen Kausaleinheit also von einer Vielzahl von Bedingungen in jeder der Bedingungskategorien abhängt und aufgrund deren Vielfältigkeit eine Wiederholung erschwert, komplexer, wird. Alternativ können diese unterschiedlichen Elemente auch selbst jeweils (einfache) Kausaleinheiten sein und zu einer neuen komplexen Kausalität zusammengefügt werden. Beide Fälle überschneiden sich, mit dem Unterschied, dass im letzteren Fall die einzelnen Kausaleinheiten auch unabhängig von der Komplexität und in anderen Zusammenhängen beobachtet und bewahrheitet werden können und im konkreten Fall in einem komplexen Zusammenhang auf eine übergeordnete Wirkung ausgerichtet werden. Beiden gemeinsam, und daher in meinen Augen das entscheidende Kriterium für Komplexität, ist die Kombination und Ausrichtung vieler Unterschiede und damit die geringere Wahrscheinlichkeit für eine zuverlässige Wiederholung ihrer jeweiligen Bestandteile. Mit anderen Worten sind komplexe Kausalitäten „zerbrechlicher". Diese Zerbrechlichkeit besteht vor allem darin, dass entweder viele Bedingungen für eine einzelne kausale Wirkung zu erfüllen sind oder komplexe Kausaleinheiten nicht nur selbst aus transzendentalen Symbolen und Bedingungen bestehen, sondern die spezifische Kombination mehrerer Kausaleinheiten auf übergeordneter Ebene auf eine weitere – komplexe – Wirkung ausgerichtet sein muss. Ein Beobachter ist gefordert mehrere Kausaleinheiten „zu stapeln, schichten, verschachteln, verweben" und in einer „Metaebene" auszurichten. So lassen sich bspw. im Bereich der Kommunikation innerhalb eines schriftlichen Satzes entweder eine Anzahl von Strichen oder einzelne Buchstaben sehen; Buchstaben können wiederum einzeln oder als Wörter zusammengefasst geschaut werden und die Wörter zusammen als Satz, mehrere Sätze als Text, mehrere Texte als Sammlung oder Werk usw. usf. In der Mathematik ist jede Zahl unterschiedlich und es lassen sich unendlich viele Zahlen und Mengen konstruieren und miteinander kombinieren, sodass trotz ihrer massiven Reduktion auf die formale Bedingungskategorie ihrer Komplexität wenige Grenzen gesetzt sind. Und auch im technischen Bereich lässt sich die Zunahme an unterschiedlichen Elementen, die insbesondere in der materiellen Bedingungskategorie in neue Kausaleinheiten integriert werden, gut beobachten: Zu Beginn hing ein Auto von wenigen technischen Kausaleinheiten ab (u.a. Reifen, Achsen, Motor, Brennstoffzufuhr, Schaltung, Lenkung und Bremse), während heutige Autos eine Reihe zusätzlicher funktionierender Kausaleinheiten benötigen (u.a. Elektrizität, Bordcomputer und vielfältige elektronische Unterstützungssysteme für Lenkung, Bremsen, Motor, Schaltung, sogar Satellitensysteme für Datenübertragung, Navigation etc.). In diesem Sinne bedeutet Komplexität eine Zunahme der Vielfalt von unterschiedlichen Raumteilen, eine Diversität an Beobachtungen, Wirkungen, unbeobachteten (Neben-)Wirkungen, räumlichen Kombinationen und Verknüpfungen innerhalb eines Systems.

Diese Zunahme an Vielfalt der Unterschiede ist nicht zu verwechseln mit einer Zunahme der kausalen Möglichkeiten, die ja die erfolgreiche Bewahrheitung von Kausalitäten voraussetzen. Komplexität erschafft insofern zunächst nur eine Vielfalt an unterschiedlichen Raumteilen, die von Beobachtern in neue Kausalierungen integriert werden können. Ich vermute insofern, dass Komplexität, im Sinne einer solchen Diversität, ein größeres Potential bietet, neue Kausaleinheiten hervorzubringen, als eine Gleichförmigkeit von Raumteilen. Per se bedeutet Komplexität aber nicht, dass der Möglichkeitsraum von Beobachtern zunimmt. Es könnte sich nämlich auch lediglich um eine Verschiebung von Handlungsmöglichkeiten handeln: Neue Kausaleinheiten werden erlernt, alte vergessen. Die Menge an unterschiedlichen Raumteilen, die für eine Kausalitätskonstruktion zur Verfügung stehen, ließe sich auch mit der Menge an unterschiedlichen Zutaten in einer Küche vergleichen. Allein die Vielfalt der zur Verfügung stehenden Zutaten garantiert aber noch keine schmack- und nahrhafte Mahlzeit. Mein gegenwärtiges Zeitgefühl bestätigt diese Überlegung zur zunehmenden Komplexität: Die jüngeren Entdeckungen bzw. Beobachtungen in der Physik, insbesondere der Quantenmechanik, haben eine ungeheure Entwicklung neuer Technologien und Produkte ermöglicht (Atomkraftwerke, Solarenergie, CD-Spieler, Kernspintomographen, Computerchips, Internet usw. usf.), die immer größere Teile unseres heutigen alltäglichen Lebens einnehmen. Laut älteren Schätzungen basiert ca. ein Drittel des US-amerikanischen Bruttoinlandprodukts auf Erfindungen, die durch die Quantenphysik möglich wurden;[39] angesichts der nach 2001 noch stark zugenommenen Bedeutung computerbasierter Produkte – Stichwort GAFAM companies[40] sowie einer Reihe an vergleichbaren Unternehmen in China – dürfte der wirtschaftliche und alltägliche Anteil heute noch erheblich größer geworden sein. Die Computeranwendungen und globalen Reichweiten vermitteln mir zunächst den abstrakten Eindruck, dass die Natur, Gesellschaften und das eigene Leben eine unbeschreibliche Menge an unterschiedlichen Möglichkeiten enthielten und nahezu beliebig und frei plan- und gestaltbar wären. Sprich der Möglichkeitsraum, auch mein persönlicher, deutlich zugenommen hätte.

Andererseits fühle ich mich mit einer enormen Unkenntnis über die individuellen Kausalitäten und Konstruktionsweisen all der neuen Technologien konfrontiert. Ich weiß nicht, wie diese Technologien funktionieren, was ihre Benutzung an räumlichen und ggf. unbeabsichtigten Veränderungen verursacht, was mit den Informationen und Daten geschieht, was durch diese Aktivitäten und neuen Produkte außerhalb der Anwendungen, die mir bereits bekannt sind, noch alles möglich wäre usw. usf. Diese Unkenntnis und alltägliche

---

39 Vgl. *Tegmark; Wheeler* 2001, 100 Jahre Quantentheorie, S. 1.
40 GAFAM steht für Google, Apple, Facebook, Amazon und Microsoft. Nach Börsenwert gehören GAFAM zu den mit Abstand wertvollsten Unternehmen weltweit.

Anwendung komplexer Kausaleinheiten macht mich von der zuverlässigen und einwandfreien Funktionsweise der Gegenstände und Technologien abhängig. Sollte ein Gerät kaputt gehen, bin ich vielfach nicht mehr in der Lage, eine Wirkung „auf herkömmlichem bzw. traditionellem oder vortechnischem Wege" herbeizuführen. Ein drastisches Beispiel wären die verstärkt bildlichen und gesprochenen Nachrichten. Ich wüsste nicht, wo ich bei Ausfall dieser Nachrichtenquelle alternativ an Nachrichten herankäme, und hätte vielleicht sogar schon das Lesen verlernt, wodurch mir entsprechende Quellen nicht mehr zugänglich wären. Oder die regelmäßige und dauerhafte Verwendung von Fertiggerichten führte dazu, dass ich das Kochen verlernte und bei Ausfall der Versorgung mit Fertiggerichten nicht mehr in der Lage wäre, mich zu ernähren etc. Technisch komplexe Kausaleinheiten können selbstverständlicher Teil alltäglicher Wahrnehmungsvorgänge werden: Statt auf den Balkon zu gehen und zu fühlen, welche Kleidung für die Wetterlage angemessen wäre, führt der Blick auf das Smartphone und die Wettervorhersage zur Kleidungsentscheidung. Ein Mikroskop, bei dem unterhalb des Objektivs ein Gegenstand eingespannt, von unten beleuchtet und dann mit dem Auge durch das Okular betrachtet wird, um die Zellstrukturen eines Pflanzenblatts zu sehen, oder ein MRT-Scan zur Identifizierung von Bandscheibenvorfällen, wären auch Beispiele für „verlängerte" oder „technisch unterstützte", und insofern komplexe, Beobachtungswirkungen bzw. Kausaleinheiten.

Die fortschreitende kommerzielle Produktion und global steigende Nachfrage nach diesen technisch vorgefertigten komplexen Kausaleinheiten, die Verschiebungen von Wahrnehmungen in eine „vorgefertigte" Objektivität erlauben und damit eine vereinfachte Bewahrheitung von Wirkungen über eine Vielzahl von Beobachtern hinweg ermöglichen, lässt herkömmliche und traditionelle Lebensweisen und Kausalitäten vergessen. Aufgrund der Tatsache, dass ich die neuen komplexen Kausalitäten durch die Technisierung in ihrer Entstehungs- und Konstruktionsweise nicht umfassend kennen muss, sie für mich zu komplex, d.h., aus zu vielen unterschiedlichen Elementen und notwendigen Voraussetzungen zusammengesetzt sind, bin ich auf eine deutliche Vereinfachung ihrer Verwendung, d.h. der Bedingungskategorien für ihre Beobachtung, angewiesen. Eine einfache Bewahrheitung von Kausalitäten spricht den geneigten Nutzer an und erlaubt einen bequemen, d.h. aus Sicht des Nutzers effizienten, Einsatz für seine Willensausübung. Die Technologien und ihre Komplexitäten müssen also in ihrer Anwendung und Bedienbarkeit auf ein für mich zugängliches Niveau vereinfacht werden, damit ich es innerhalb meines persönlichen Möglichkeitsraums selbstbestimmt wirken lassen kann. Eine Reduktion der Komplexität ist erforderlich. Denn solange mir kein Zugang zur kausalen Verwendung der Technologien möglich ist, vermag ich diese Technologien auch nicht innerhalb meines Beobachtersystems zu bewahrheiten, ihre Wirkung zu realisieren. Die Veranschaulichung anhand technischer Produkte darf uns jedoch nicht vergessen lassen, dass es genauso im sozialen Miteinander eine unzählige Menge an Wirkmechanismen – sozialer Kausalitäten – gibt, derer sich jeder im alltäglichen Miteinander bedient. Man denke hier nur an einfache Kausaleinheiten wie die gegenseitige Begrüßung als Methode der gegenseitigen Anerkennung oder die Umarmung als Ausdruck der Anteilnahme und Empathie bis hin zu komplexen sozialen Kausalitäten wie beruflicher Aufstieg und Status, Familienkonstellationen und Partnerschaften, Verträge und Rechtsprechung, politische Aktivitäten und Erziehung, Modeerscheinungen, Beliebtheit und Gruppenzugehörigkeiten usw. usf. Es ist jedoch vor allem die technologische Entwicklung, die zu einem rasanten Zuwachs der materiell unterscheidbaren Raumteile geführt hat, eine Reihe von neuen sozialen Unterscheidungen auslöste und das moderne Zeitgefühl einer stetig komplexer werdenden Welt bestimmt.

Dieser Aufriss soll zeigen, dass wir uns tagtäglich mit einer wachsenden Komplexität und Anzahl unterschiedlicher Kausalitäten konfrontiert sehen und bereits in unserer Kindheit eine große Zahl unterschiedlicher Raumteile und kausaler Zusammenhänge, die jeweils für sich stehen und auch untereinander kombiniert werden können, erlernen. Das eigene Leben wird jedoch nie ausreichen, um all diese Kausalitäten zu erlernen und anwenden zu können, zumal die stetige Entdeckung unterschiedlicher Raumteile sowie die andauernde Konstruktion und Evolution neuer Kausaleinheiten in sich ausdifferenzierenden Zusammenhängen ungebrochen voranschreitet. Besonders augenfällig wird es erneut in den Naturwissenschaften, nämlich den Entdeckungen der modernen Physik, der Quantenmechanik. Sie stellen eine Zäsur innerhalb der Naturwissenschaft dar und nach der Entdeckung des Wirkungsquantums durch Planck dauerte es noch fast 30 Jahre, bis die Entdeckungen in einer wissenschaftlich anerkannten Form in der „Kopenhagener Deutung" ausgelegt wurden. In ihr geht es auch um die Verwendung von Begrifflichkeiten für die Beschreibung physikalischer Beobachtungen bzw. Wirklichkeiten, die sich der Alltagserfahrung entziehen, d.h., sich nicht im menschlich-alltäglichen biologischen Beobachtungssystem, sondern nur in speziellen Beobachtungssystemen, aufwendigen technischen Apparaturen, messen bzw. beobachten lassen und die Unzulänglichkeiten der Begriffe aus der Alltagswelt für die weitere Verarbeitung dieser Beobachtungen. Insbesondere die Begriffe der Beobachtung und des Messvorgangs erhalten eine enorme Bedeutung, da von der Beobachtung bzw. Messung selbst, bei hinreichend kleinen räumlichen Verhältnissen, prinzipiell eine Wirkung auf den beobachteten Gegenstand ausgeht und eine Wechselwirkung entsteht, was den Schluss nötigt, dass die von mir entwickelten Bedingungskategorien inhaltlich grundsätzlich nur bis zu einem gewissen Maß (nämlich dem Planck'schen Wirkungsquantum) exakt festgelegt werden können. Unterhalb dieser Schwelle sind eine räumliche Zuordnung und damit keine Unterscheidung in Ursache und Wirkung, also auch keine Kausalitätskonstruktion mehr möglich.

Hier stoßen wir an den Punkt, wo unterschiedliche Raumteile oder Kausaleinheiten nicht in beliebigen Mengen und Komplexität miteinander kombiniert und in neue Kausalzusammenhänge gebracht werden können, da der Beobachtungsgegenstand nicht mehr eindeutig zu identifizieren ist und damit die Kausalitätskonstruktion also Grenzen kennt: Es können nicht beliebig Kausalitäten konstruiert werden! Diese Grenze könnte darin begründet sein, dass jede Kausalität von der zuverlässigen und wiederholbaren Bewahrheitung durch Beobachter abhängt und Kausaleinheiten dementsprechend nur dann eine Vielzahl unterschiedlicher Raumteile bzw. einfacher Kausalitäten in eine komplexe Kausaleinheit integrieren können, wenn sie von Beobachtern und innerhalb ihrer jeweiligen Beobachtersysteme regelmäßig akzeptiert und angewendet werden. Aus der weiter oben beschriebenen Prämisse, dass die materiellen, formellen und psychischen Bedingungen zwar zusammen notwendig sind, aber jeweils nur hinreichend genau erfüllt sein müssen, damit Kausalität entsteht, wurde die Unmöglichkeit gezeigt, exakt bestimmen zu können, welche Raumteil- oder Kausaleinheitenkombination für eine komplexe Kausaleinheit realisiert wurden bzw. zu ihrer Wirkung führten. Und aufgrund dessen, dass die Ursachen- und Wirkungsseite von Kausalitäten stets nur indirekt miteinander verbunden werden können, gibt es keine Möglichkeit, eine Kausalität, und erst recht keine komplexe Kausaleinheit, unmittelbar und direkt in einer einzelnen Beobachtung zu objektivieren. Dementsprechend aufwendiger und unwahrscheinlicher ist es, eine komplexe Kausalität zu objektivieren, weil sie in einer Vielzahl von einzelnen Raumteilen und deren spezifischen Beobachtung bzw. Erfahrung, die alle zusammengenommen auf die übergeordnete Kausalität verweisen, bewahrheitet werden muss: Je komplexer eine Kausaleinheit konstruiert wurde, desto unwahrscheinlicher wird es, dass sie überhaupt Beobachter bewahrheiten.

Die Ursprünge komplexer Kausalitäten liegen daher grundsätzlich im Dunkeln und können aufgrund der hinreichenden Notwendigkeiten stets in mehrere Ursachenpfade zerlegt werden. Ungeachtet dessen lassen sich die Entwicklungen einiger Kausalitäten trotz ihrer enormen Komplexität, insbesondere die Mathematik, angefangen bei der Geometrie und der Mengenlehre über Algebra bis hin zur Analysis und weiteren modernen mathematischen Hauptgebieten, auf wenige in sich schlüssige Kausaleinheiten und Ursachenpfade reduzieren. Ein wesentlicher Erfolgsfaktor für die komplexen mathematischen Kausalitäten, dürfte ihre innere formale Komplexität bei gleichzeitig minimalen materiellen Bedingungsanforderungen sein. Sie erlauben es dem Anwender von mathematischen Kausalitäten, zuverlässig wiederholbar und damit mit vorhersagbarer Wirkung (die Rechenwege und -ergebnisse), sich auf die Wirkungsseite der Mathematik und ihre Übertragung bzw. Anwendung auf Fragestellungen der nicht mathematischen Welt zu konzentrieren, um neue – komplexe – Kausaleinheiten zu konstruieren. Diese konsequente Erforschung von Anwendungsmöglichkeiten, angefangen bei der Vermessung der Welt (Geometrie), führt dann in gerader Linie zu den Naturwissenschaften, insbesondere der Physik: Anhand weniger Phänomene, die unter streng festgelegten materiellen Bedingungen zu beobachten sind, bspw. dem Eintauchen unterschiedlicher, aber gleich großer Materialien in dieselbe Flüssigkeit, wie in der narrativen Veranschaulichung zur Dichte weiter oben, lassen sich diese Bedingungen – häufig mathematisch – formalisieren und können dann, unter Beachtung von Toleranzen hinsichtlich der materiellen Bedingungen, auf eine Vielzahl unterschiedlicher Situationen angewandt bzw. in ihrer Anwendung skaliert und miteinander ins Verhältnis gesetzt oder kombiniert werden (im Beispiel oben entstand aus der Beobachtung der Kausaleinheit „Dichte" der Schiffbau). Die ungeheure Reduktionsleistung der Mathematik, voneinander unterschiedliche Raumteile in neue Kausaleinheiten zu integrieren, stellt meines Erachtens die von Heisenberg benannte Verschmelzung von Vielheit in Einheit dar:[41] Anhand von materiellen Unterscheidungsmerkmalen lassen sich alle materiellen Raumteile mindestens zählen und damit in mathematische Kausalitäten integrieren, d.h. eine Vielzahl verschiedener Berechnungsmethoden unterworfen, ins Verhältnis gesetzt und kombiniert werden, sodass sich aus diesen Verhältnissen und Kombinationen neue Kausaleinheiten und Schlussfolgerungen ergeben und alle Teile miteinander bedingt verbunden auch als eine große Einheit geschaut werden können. Man denke in diesem Zusammenhang nur an wirtschaftliche Unternehmen, die eine Vielzahl materiell unterschiedlicher Vorgänge bestimmten mathematischen Kennzahlen und Verhältnissen, monetären Finanzkennzahlen, unterwerfen und eine Reihe von sozialen Vorgängen in die komplexe Kausalität „Unternehmenserfolg" integrieren. Der Wahrheitsgehalt der neuen Kausaleinheiten hängt dann zuletzt von den beteiligten Beobachtern und ihrer Einwilligung in die Realisierung dieser Art von komplexen Kausalitäten ab. Insofern erlaubt die drastische Reduktion des Inhalts der Bedingungskategorien die Konstruktion langfristiger und universeller Anwendungen über eine große Anzahl von Beobachtersystemen und sind dauerhaft wirksam.[42]

Eine willentliche Beeinflussung und Analyse von Komplexität in eine bestimmte Richtung erfordert also die Zerlegung oder Reduktion des Sachverhalts in einfache Elemente, die zusammengenommen

---

41 Vgl. *Heisenberg* 1979, Quantentheorie, S. 92 ff.
42 Vgl. dazu auch *Wind* [1934] 2001, Experiment und Metaphysik, S. 95, der dort von der „Einfachheit" des geometrischen Körpers spricht, mit dessen Hilfe physikalische Zusammenhänge abgebildet werden.

auf ein übergeordnetes Ziel ausgerichtet werden können. Die Wahrscheinlichkeit, eine Komplexität wie beabsichtigt zu verändern, ließe sich demnach steigern, indem mehrere einfache Teilkausalitäten, die jeweils verschiedene Ausgestaltungen der formellen, materiellen und psychischen Bedingungskategorien aufweisen, aber einzeln leichter für Beobachter zu bewahrheiten sind, und gemeinsam die beabsichtigte komplexe Wirkung, den versteckten Zusammenhang, herbeiführen. Die Teilkausalitäten lassen sich in zirkulären Vorgängen einüben, wiederholen und stetig auf die komplexe Wirkung hin entwickeln, sodass sich schließlich die zunächst subjektiv gewollte komplexe Wirkung auch objektiv für mehrere Beobachter realisiert. Erst wenn alle oder eine hinreichend große Anzahl von Beobachtern relevante Teilkausaleinheiten akzeptieren bzw. in sie einwilligen und sich ihre Wirkung zuverlässig genau vorhersagen und tatsächlich beobachten lässt, ist sie reif für die Verwendung als Teil einer noch komplexeren Kausalität.

Ein weiteres Beispiel für die Analyse von Komplexität könnte im Hinblick auf Naturereignisse bspw. ein natürlicher Wasserfluss wie der Rhein sein. Wie ließe er sich in seiner komplexen Wirkung mit Hilfe von Worten oder anderen Hilfsmitteln anders beschreiben, als Teilkausalitäten zu bilden? Ist es nicht seine „eigentliche" Wirklichkeit zu fließen, ohne Anfang und Ende, ohne Abgrenzung und im ständigen Wandel, an unzähligen Orten gleichzeitig? Ich kann stellenweise indirekt Teile seiner Wirklichkeit beobachten, indem ich bspw. in einem Abschnitt die Strömung, den Durchfluss der Wassermenge über eine Fläche und Zeit beobachte bzw. messe. Habe ich dann den Fluss in Gänze beobachtet, also auch weitere Eigenschaften erschlossen, wie er bspw. an einer Quelle entspringt, sich seinen Weg in ein Gewässer bahnt, verdunstet, in Wolken kondensiert und weite Strecken zurücklegt, als Regen niederschlägt, sich in Flüssen sammelt und schließlich ins Meer mündet? Ich denke, dass diese zusätzlichen Kausaleinheiten des Flusses erst konstruiert werden müssen, als einzelne Teile der komplexen Gesamtkausalität „Fluss", bspw. die Eigenschaft, dass Wasser unter bestimmten Voraussetzungen verdunstet und Wolken eine Ansammlung von Wassertropfen sind usw. Während es sehr unwahrscheinlich – ich behaupte für menschliche Beobachter unmöglich – ist, dass eine komplexe Kausalität wie ein „Fluss" auf allen Ebenen ihrer Kausaleinheiten in einer einzelnen Beobachtung erfahren werden kann, vergrößert die Kenntnis einer Mehrzahl relevanter Sub-Kausaleinheiten beim Beobachter die Anknüpfungspunkte, um den Fluss in seiner ganzheitlichen Vielfältigkeit und komplexen Wirklichkeit zu erkennen. Sofern mehrere Kausaleinheiten im Bewusstsein des Beobachters erkannt wurden, bietet die Erfahrung der komplexen Kausalität in ihrer Fülle und Ganzheit einen breit diversifizierten Ausgangszustand an, um weitere, bspw. selbst konstruierte, Kausaleinheiten damit zu verbinden. Dennoch steht die Entwicklung einer so diversifizierten Beobachtungsmenge auf unsicheren Füßen und hängt vor allem davon ab, ob ein Beobachter zufälligerweise eine geeignete Anzahl und Reihenfolge von Beobachtungen macht, um den komplexen Zusammenhang zu erkennen. Dies zeitigt die Frage nach einer Reduktion von Komplexität.

In diesem Zusammenhang ist es sehr spannend, die Absichten der Physiker nachzuvollziehen, die versuchen Grundeinheiten, die allen physikalischen Beobachtungen zugrunde liegen, allesamt nicht als axiomatische Festlegungen (bspw. die willkürliche Festlegung, dass ein bestimmter Bleiklotz genau als ein Kilogramm definiert ist), sondern mit Hilfe universeller Naturkonstanten, also inhaltlich genau festgelegten Bedingungskategorien für die Beobachtung einer natürlichen Wirkung, zu konstruieren.[43] So wird

---

43 Vgl. *Stock et al.* 2019, Revision of the SI, S. 1 ff.

ein Meter mittlerweile als die Wegstrecke, die ein Lichtstrahl innerhalb von 1/299 792 458 Sekunden zurücklegt, definiert. Auch weitere Grundeinheiten bspw. für Gewicht, das Kilogramm, sollen auf Basis von Naturkonstanten definiert werden, um sie inhärent zu stabilisieren (das bisher verwendete Urkilogramm verliert nämlich aufgrund natürlicher Zerfallsprozesse über einen langen Zeitraum Gewicht). In dem Bestreben, alle physikalischen Größen bzw. Maßeinheiten auf wenige „naturgegebene" reduzieren zu wollen, aus denen sich dann alle anderen physikalischen Maßeinheiten logisch ableiten lassen, sehe ich den Willen, auf kleinstmöglichem Raum alle bekannten Beobachtungsmethoden zu vereinfachen und damit ihre Verwendung für die Konstruktion anderer Kausaleinheiten zu vereinfachen, Komplexität zu reduzieren. Und diese Reduktionsleistung vermag die Konstruktion von komplexen Kausalitäten zu erleichtern und zu stabilisieren, indem in allen Teileelementen Gemeinsamkeiten identifizierbar und ansprechbar werden. Ein Beobachter vermag insofern eine größere Menge an unterschiedlichen Elementen über die Gemeinsamkeit zu integrieren und für Kausalitäten in seinem Möglichkeitsraum zu öffnen. Eine Reduktionsleistung verschiebt also nicht bloß Wahrnehmungen und den Möglichkeitsraum, sondern erweitert ihn: Zuvor nebeneinanderstehende Methoden könnten vergessen werden, da sich ein Beobachter nur noch die Ableitung aus der vereinfachten universalen Methode merken bräuchte. Er verfügte damit über mehr Aufnahmefähigkeiten für andere Erfahrungen und Erinnerungen, welche er stets in Verbindung mit den Grundeinheiten bringen könnte und damit einen dauerhaften Bezugspunkt in seinem Beobachtungssystem gewänne. Übertragen auf das obige Beispiel des Wasserflusses, ließe sich dessen Komplexität versuchsweise mit Hilfe der Kausaleinheit eines Kreislaufs vereinfacht übermitteln: Ein Vorgang, der wieder in seinem Ausgangszustand endet und innerhalb eines Kreislaufs verschiedene Zustände annimmt. Die unterschiedlichen Zustände und ihre Beobachtungsmöglichkeiten könnten dann in Teilkausalitäten erörtert und das Grundprinzip des Wasserkreislaufs in seinen umfassenden Dimensionen entfaltet werden.

Der geneigte Leser mag sich fragen, weshalb ich in meinen Skizzen und Untersuchungen nicht vornehmlich komplexe gesellschaftliche bzw. soziale Vorgänge ausarbeite und mich insbesondere auf physikalisch-technische Aspekte fokussiere. Eine Begründung dafür finde ich darin, dass soziale Vorgänge oder gesellschaftliche Gruppen per se in spezifische kulturelle Kontexte eingebettet sind und sich damit für Menschen in Abhängigkeit ihres jeweiligen eigenen sozialen Kontextes unterscheiden und gegenseitig ausgrenzen. Augenscheinlich wird dies bei unterschiedlichen Sprachen und Humor, die sich grundsätzlich nicht von einer Sprache oder Gesellschaftsgruppe in die andere übertragen lassen, ohne ihre Wirkung zu verlieren. Gesellschaftliche Kausalitäten sind meist an eine Vielzahl spezifischer Bedingungen der sie formenden Beobachter gebunden. Zu diesen Bedingungen gehören u.a. ihr geschichtliches Selbstverständnis, die geographische Exposition ihres Lebensraums, die Ausgestaltung sozialer Institutionen, der Einfluss der Traditionen und Religionen usw. usf. Besonders augenfällig werden diese unterschiedlichen Faktoren in der Ausbildung von Rechtsbegriffen einer Gesellschaft. Diese werden regelmäßig in einem spezifischen Lebenskontext der jeweiligen Gesellschaft entwickelt und kausaliert, sodass ihnen damit eine universell gültige Grundlage fehlt und sie gegenüber naturwissenschaftlichen und technischen Kausalitäten in ihrem potentiellen Wirkungsfeld eingeschränkt sind. In diesem Sinne sind gesellschaftliche Vorgänge für die Entwicklung einer universalen Theorie über Kausalität zu verschieden und komplex.

Vor diesem Hintergrund und mit der Absicht, universale Ansätze

zu entwickeln, greife ich bevorzugt Beispiele aus ungesellschaftli-
chen Zusammenhängen für den Theorieaufbau heraus. Die anhand
einer reduzierten Komplexität entwickelte Kausalitätstheorie soll aber
letztlich auch für soziale Problem- und Fragestellungen Anwendung
finden. Ansätze dazu lassen sich bereits darin sehen, dass die Kausalitätstheorie auf persönlichen Willensentscheidungen, sprachlichen
Symbolen, konstruierten Beobachtungsregeln und der Verbindung
einer Vielzahl von Beobachtern fußt. Dieser Verbindungsvorgang ist
in meiner Ansicht das, was umgangssprachlich mit „Wissen" bezeichnet wird. Das Wissen wäre damit eine soziale Konstruktion mehrerer
Beobachter, symbolisch in Kausaleinheiten „gespeichert" und kein
in der Natur vorkommender unbearbeiteter Stoff. In Abhängigkeit der
Veränderung von anerkannten und mehrheitlich akzeptierten Kausalitäten wandelt sich auch das Wissen. Und da stets die Einwilligung
des Beobachters notwendig ist, damit Kausaleinheiten existieren,
kann Wissen auch „abnehmen" oder sogar „verschwinden", wenn
kein Beobachter mehr in die jeweiligen Kausaleinheiten einwilligt. Zusätzliche „Speichermöglichkeiten" von Wissen finden sich vermehrt
in den eingangs zu diesem Abschnitt genannten Technologien. In
jedem Wahrnehmungsvorgang lässt sich die materielle Bedingtheit
der Beobachtung in physikalischen Begrifflichkeiten beschreiben und
auch ohne Existenz eines vernünftigen Bewusstseins verstehen: Das
menschliche Ohr nimmt Schallwellen auf und wandelt diese über eine
Vielzahl unterschiedlicher Zellen und Nervenverbindungen in elektrische Ladungen und chemische Prozesse um; das menschliche Auge
wandelt Licht, die Haut Temperatur, Oberflächlichkeit und Druck, die
Nase und Zunge zusätzlich noch molekulare Bestandteile usw. usf.
entsprechend von einer Energieform in eine andere Energieform um.[44]
Beobachtungsvorgänge könnten auch von Maschinen, Geräten oder

---

44   Vgl. *Stierstadt* 2010, Thermodynamik, S. 8.

sonstigen Wesen ausgeführt werden und Kausalitäten über den Softwarecode programmatisch hinterlegt werden bzw. sind mittlerweile im Rahmen der künstlichen Intelligenz Computersysteme in der Lage, sich neue Kausaleinheiten anzueignen.

Kurzum ist die Technisierung von Wahrnehmungsvorgängen und damit weitere Ausdifferenzierung von Raumteilen, d.h. Komplexitätszunahme, in vollem Gange. Diese Eigenschaft der Moderne und die in komplexen Zusammenhängen auftretende Verdunkelung der Ursachen, eine Art von Geschichtsvergessenheit, lassen sich auch als eine verstärkte Bewegungsrichtung in die Zukunft interpretieren, als ob Kausalitäten stets auf eine Sicherstellung der Wirkung ausgerichtet seien. Auch werden zunehmend technische Kausaleinheiten ohne Kenntnis ihrer inneren Zusammenhänge und eventueller Nebenwirkungen nur mit Blick auf ihre beabsichtigte Wirkungsseite verwendet. Dies bedeutet einerseits eine Verschiebung des Wahrnehmungs- und Beobachtungshorizonts und fortlaufende Entdeckung neuer Kausalitäten bei gleichzeitigem Vergessen ursprünglicher Kausaleinheiten und der Entwicklungspfade ins „Jetzt", was an den Eigenschaften der nur hinreichend zu erfüllenden Bedingungskategorien von Kausalitäten liegt. Ein Mehr an unterschiedlichen Raumteilen und mehr Lebensindividualität, die aber nicht notwendigerweise eine Erweiterung des gesamtgesellschaftlichen oder persönlichen Möglichkeitsraums bedeuten. Erst die Reduktion von Komplexität auf Beobachtungsbedingungen, die vielen (im universellen Fall allen) unterschiedlichen Elementen innerhalb eines Systems gemeinsam sind, sichert die Konstruktion von komplexen Kausalitäten ab und erlaubt deren willentliche Ausrichtung. Offen bleibt, wie sich feststellen lässt, ob eine Handlung zu einer Verschiebung, Erweiterung oder sogar Verkleinerung des Möglichkeitsraums führt. Es stellt sich also die Frage, ob sich die Veränderung des Möglichkeitsraums auf ein universelles Prinzip reduzieren und damit untersuchen ließe.

3.   Entropie und Freiheit

Oben habe ich dargelegt, welche logischen und räumlichen Notwendigkeiten dafür sprechen, dass in Kausalitäten Ursachen stets
den Wirkungen methodologisch vorhergehen müssen und „Ursache"
eigentlich nur ein Symbol bzw. Wort ist, um unterschiedliche Beobachtungen bzw. Wirkungen zu reihen. Insofern ist das Zeitgefühl,
vom einem „Jetzt" in die Zukunft voranzuschreiten, auf zukünftige
Ziele hinzuarbeiten, ein „Zurückzuschauen" auf unsere gemachten
Beobachtungen, Erlebnisse und Erfolge, illusionär. Denn das „Zurückschauen" ist eigentlich auch eine „Vorwärtsbewegung" in die
Zukunft, in der der Beobachter die Entscheidung trifft, vergangene
Ereignisse zu erinnern, geistig nochmal zu beobachten. Neben dieser
Beobachtung zur Zeitempfindung vertrete ich in diesem Abschnitt
ergänzend dazu die These, dass Kausalität eine Erkenntnismethode
ist, die innerhalb der komplexen physikalischen Welt, die sich als
thermodynamisches System beschreiben lässt, existiert und sich
daraus Bedingungen ableiten lassen, die einerseits den empfundenen „Zeitpfeil" der Kausalität und andererseits die Veränderung
des Möglichkeitsraums universell erklären. Dies soll so viel heißen
wie, dass ich Kausalität als eine Methode zur Erschließung der Welt
betrachte, die das Wachstum des Beobachtungssystems „Mensch"
ermöglicht und aufgrund ihrer Existenz in der Welt die zeitliche
Empfindung des Fortschreitens in die Zukunft und des Rückblicks
in die Vergangenheit begründet. Dieser Abschnitt adressiert auch
das Problem, dass bisherige Kausalitätstheorien[45] aufgrund ihrer
Asymmetrie, d.h., dass Ursachen stets den Wirkungen vorhergehen
müssen, mit physikalischen Theorien unvereinbar seien. Unvereinbar, da physikalische Gleichungen stets eine Abhängigkeitsfunktion

---

45   Siehe dazu auch den Überblick im Epilog.

ausdrücken, aber prinzipiell keine Zeitrichtung kennen würden. Die physikalischen Größen auf einer Seite der Gleichung ließen sich durch Anpassungen der physikalischen Größen auf der anderen Seite der Gleichung verändern. Die Veränderung ließe sich aber auch „in die entgegengesetzte Richtung" vornehmen, d.h., die Anpassungen der Größen auf der einen Seite führen zu Veränderungen der Größen auf der anderen Gleichungsseite. Kausalitäten sind demgegenüber stets zeitlich ausgerichtet: Bestimmte Vorgänge führen danach zu einer beobachteten Auswirkung, ein Glas fällt auf den Boden und zersplittert. Ein solcher Vorgang kann nicht „rückwärts" beobachtet werden, die Glasscherben fügen sich nicht wieder zum Glas zusammen und damit wäre dieser „rückwärts" ablaufende Vorgang nicht mehr Teil des Möglichkeitsraums. Allerdings ließen sich im physikalischen Sinne die Scherben aufheben und in die ursprüngliche Position des Glases zusammenfügen. Die potentielle Energie des sich in einer Höhe befindlichen Glases wandelt sich im Fall in kinetische Energie und anschließend beim Aufprall im Raum in Schall sowie Absorption im Boden um. Dass Kausalitäten und physikalische Gleichungen tatsächlich nicht unterschiedlich sind, sondern beide notwendigerweise einen Zeitpfeil aufweisen und den Möglichkeitsraum verändern, möchte ich anhand thermodynamischer Überlegungen nachweisen.

Es wird meines Erachtens in dem geschilderten Zusammenhang übersehen, dass die in Gleichungen beschriebene Austauschbarkeit physikalischer Größen nur für umkehrbare oder sog. „reversible" Vorgänge in „offenen Systemen" besteht. Physikalische Gleichungen sind räumlich verdichtete „geschlossene" Idealisierungen, die, sobald sie in Experimenten konkret realisiert werden, Messfehler und Messabweichungen enthalten sowie insbesondere unbeobachtete Wirkungen, bspw. Wärme, die sie über das Gleichungssystem hinaus an die Umwelt abgeben („Dissipation"). Insofern sind physikalische

Gleichungen zwecks Vereinfachung gedanklich in der Regel „geschlossen" (ansonsten müssten sie stets den Anteil der Dissipation und Messungenauigkeit korrekt einbeziehen), aber in der konkreten Umsetzung grundsätzlich „offene Systeme" und damit „reversibel". Dies erlaubt die Aufstellung physikalischer Thesen, den Aufbau eines Experiments, d.i. die Festlegung aller relevanten materiellen und formal-logischen Voraussetzungen, sowie dessen Durchführung innerhalb der festgelegten Bedingungen. Nach Ablauf des Experiments vermag der Experimentator, sozusagen von „außerhalb des Gleichungssystems", einzugreifen und Energie zuzuführen, um die Objekte wieder in ihre Ausgangspositionen zurückzubewegen sowie anschließend das Experiment zu wiederholen.

Ein klassisches Beispiel dafür könnten die Untersuchungen zur Wirkung der Gravitation auf dem Planeten Erde sein: Ein Objekt wird aus erhöhter Position fallen gelassen und fällt in senkrechter Bewegung auf den Boden. Es lässt sich beobachten, dass das Objekt vom Zeitpunkt des Loslassens bis zum Aufprall auf den Boden gleichmäßig an Geschwindigkeit zunimmt. Durch Messungen lässt sich feststellen, dass diese Beschleunigung regelmäßig $9{,}81$ m/s^2 beträgt. Aufgrund des Luftwiderstands lassen sich in Abhängigkeit des Verhältnisses von Form und Gewicht des Objekts unterschiedliche Beschleunigungen für verschiedene Objekte feststellen. Für die Entdeckung und Überprüfung dieser Kausalität durch Galileo hat er eine Vielzahl von Experimenten durchgeführt und dabei die Bewegungen und Zeiten fallender Objekte untersucht. Dabei war er selbst Teil des Experimentsystems, indem er die Objekte, nachdem sie gefallen waren, wieder in die Ausgangsposition brachte bzw. die Ausgangsbedingungen für ein neues Experiment veränderte usw. usf.

Der für die Wiederherstellung der Ausgangsbedingungen benötigte Teil der Energiezuführung wird von der formalen Experimentaufstellung bzw. der mathematischen Gleichung über die physikalischen

Vorgänge aber nicht beachtet. Der Eingriff des von der Gleichung unberücksichtigten Experimentators spiegelt die eigentliche „Offenheit" der Gleichung wider. Ohne diesen „offenen" Teil und die Zuführung von Energie wäre es nicht möglich, das Experiment hinreichend oft zu wiederholen, um einen Kausalzusammenhang aufzustellen. Die physikalische Gleichung enthielte einen Zeitpfeil, der kausale Zusammenhang bzw. die Gleichsetzung der Beobachtungen ließen sich nur so lange wiederholen, bis die Energie für die Wiederherstellung der experimentellen Ausgangsbedingungen erschöpft und aufgewendet würde (der Experimentator sozusagen nicht mehr genügend Kraft verfügt, um das Objekt in die erhöhte Position für das Fallexperiment zu bringen). Dann wäre innerhalb des Systems der Energiebedarf für die Herstellung der Ausgangsbedingungen größer als das im System für die Änderung der materiellen und räumlichen Bedingungen der Experimentobjekte verfügbare Energiepotential, die physikalische Gleichung ließe sich nicht mehr verwirklichen und beobachten. Die Gesetzmäßigkeit verlöre für den Beobachter ihre Gültigkeit, da die notwendigen Voraussetzungen nicht mehr realisierbar wären. Die Anzahl der durchführbaren Beobachtungen innerhalb eines Systems wäre aufgrund des begrenzten Energiepotentials, welches der Beobachter für die Durchführung von Beobachtungen aufwenden kann, endlich. Die Berücksichtigung aller Umweltbedingungen bei der Aufstellung physikalischer Gleichungen anhand von Experimenten führte dann also zu einem „geschlossenen System", worin alle physikalischen Vorgänge „irreversibel" wären. Dies hieße, dass also auch die Wiederherstellung der Ausgangsbedingungen durch den Experimentator aufgrund des insgesamt im System begrenzten Energiepotentials nur begrenzt möglich und die naturgesetzliche Kausalität endlich wäre, vorausgesetzt, dass die Systemgrenzen konstant sind und nicht wachsen. Die Irreversibilität physikalischer Vorgänge und die Beschreibung dieser

Verlaufsrichtung physikalischer Vorgänge im Rahmen des Konzepts der „Entropie" steht – im Gegensatz zu der Behauptung, es gäbe in der Physik prinzipiell keine Zeitrichtung – für den Zeitpfeil und die Veränderung des Möglichkeitsraums. Nachfolgend möchte ich eben dieses Konzept der Entropie für meine Kausalitätstheorie nutzbar machen.

Der Begriff bzw. die physikalische Größe der Entropie ist im Zusammenhang thermodynamischer Beobachtungen entwickelt worden. Ihre physikalische Dimension lautet [Energie/Temperatur] und sie ist im Zusammenhang mit Untersuchungen zum Austausch und Transport von Wärme zwischen Körpern beobachtet worden. So lässt sich bspw. für drei Eiswürfel in einem Glas beobachten, dass sich neben dem Wärmetransport, d.h., die Eiswürfel geben ihre Kälte ab bzw. nehmen die Wärme der Umgebung auf, sodass die Wärme aus der Umgebung in die Eiswürfel fließt, auch eine Änderung ihrer materiellen Struktur ergibt: Im Zuge des Wärmetransports verlieren die Eiswürfel ihre feste kubische Form und schmelzen, bis sie schließlich dieselbe Temperatur wie die Umgebung aufweisen und flüssiges Wasser wurden. Aus zuvor drei voneinander unterscheidbaren Eiswürfeln ist eine einzelne Wassermenge geworden. Die Partikel der jeweiligen Eiswürfel lassen sich in der flüssigen Wassermenge nicht mehr unterscheiden, es ist nicht bestimmbar, welche Wassertropfen von welchem Eiswürfel stammen. Die Veränderung des materiellen Zustands, genauer noch die Veränderung der Wissensmenge über die aktuellen physikalischen Zustände der Teilchen, die das System konstituieren, wird anhand der Größe Entropie beschrieben. An diesem Punkt greifen die Konzepte der physikalischen Entropie und des oben beschriebenen Möglichkeitsraums ineinander: So wird in der Physik davon gesprochen, dass ein Beobachter den aktuellen Zustand eines Teilchens bestimmen kann, wenn er dessen Temperatur bzw. Bewegung und Aufenthaltsort kennt. Je weniger Informationen ein Beobachter über diese Größen hat, desto unbekannter ist der aktuelle Zustand eines Teilchens. Eine Zunahme der Entropie bedeutet in diesem Zusammenhang die Zunahme der Unkenntnis über die aktuellen Zustände der Teilchen des Systems.[46] Bezogen auf das Beispiel der Eiswürfel hieße dies, dass, solange sie in der kalten festen kubischen Form im Glas sind, der Aufenthaltsort ihrer Teilchen sich auf die jeweiligen drei Eiswürfel eingrenzen lässt. Sobald sie vollständig geschmolzen sind, lässt sich die Zuordnung der Wasserteilchen auf die vorigen Eiswürfel nicht mehr durchführen. Der Beobachter „weiß" jetzt nicht mehr, wo im Wasser sich die jeweiligen Teilchen der Eiswürfel befinden.

An dieser Stelle unterscheidet sich mein Konzept des Möglichkeitsraums vom Sprachgebrauch der Physik: In der Physik würde darüber gesprochen, dass die flüssige Wassermenge statistisch gesehen mehr Möglichkeiten für die aktuellen Aufenthaltsorte der Teilchen enthält als in den festen Eiswürfeln. Die flüssige Wassermenge sei daher „unordentlicher", man wisse weniger über den aktuellen Zustand der Teilchen, es gäbe mehr Zustandsmöglichkeiten, sodass hier leicht die Rede davon sein könnte, dass der Möglichkeitsraum größer sei als in den „geordneten" festen Eiswürfeln. Im Unterschied dazu bezieht mein Konzept des Möglichkeitsraums ausdrücklich den Beobachter samt seiner Umwelt mit ein und stellt auf die innerhalb seiner Welt a priori unterscheidbaren Handlungsmöglichkeiten ab. Bezogen auf das Beispiel der Eiswürfel liegen die Verhältnisse dann nämlich umgekehrt: Der Möglichkeitsraum eines Beobachters ist größer, solange die Eiswürfel in festem Zustand vorliegen, und nimmt mit dem Schmelzvorgang ab. Solange die Eiswürfel fest sind, vermag der Beobachter a priori drei voneinander getrennte Eiswürfel

---

46 Vgl. *Stierstadt* 2010, Thermodynamik, Kapitel 2, S. 51 ff. und Kapitel 5, S. 133 ff.

zu beobachten, bestimmen und auf ihre jeweiligen Teilchenmenge einwirken, z.B. einen Eiswürfel in die Hand nehmen und in ein Glas legen. Sobald sie zu Wasser geschmolzen sind, vermag der Beobachter zwar auch auf die Wasserteilchen einzuwirken, aber ohne a priori unterscheiden zu können, auf welche Wasserteilchen der zuvor unterscheidbaren Eiswürfel er einwirkt. Mit Entropiezunahme verringert sich demnach der Möglichkeitsraum. Die Veränderung des Möglichkeitsraums lässt sich also anhand der physikalischen Entropie untersuchen und beurteilen.

Alle materiellen Systeme können physikalisch über ihren Energiezustand beschrieben werden. Zwei unterschiedliche Systeme können anhand ihrer Temperatur beobachtet (beschrieben bzw. bemessen) werden, z.B. analog zu den Eiswürfeln zwei unterschiedlich warme Steine. Sobald sie zu einem System zusammengefasst werden (die Steine werden aufeinandergelegt), kann in anfänglichen Beobachtungen noch festgestellt werden, dass der eine Stein wärmer als der andere ist. Es stellt sich in dem neuen System jedoch unmittelbar ein Energiefluss vom höher zum niedrig temperierten Stein ein, bis die beiden Steine in späteren Beobachtungen dieselbe Temperatur aufweisen. Im zusammengefassten System, bestehend aus den beiden Steinen, hat die Entropie über den Verlauf der Beobachtungen zugenommen. Eine weitere Beobachtung der Physik ist, dass sich die Teilchen bei der Zusammenfügung der Steine zu einem System bisher nie so verteilt haben, dass sich bspw. innerhalb eines kleinen würfelförmigen Abschnitts in der äußeren Ecke eines Steins diejenigen Teilchen mit der höchsten Temperatur hinbegeben und in einem davon getrennten Würfelabschnitt alle Teilchen mit einer um 10 °C niedrigeren Temperatur aufhalten usw. usf., bis sich schließlich in einem letzten Würfeleckabschnitt am anderen Ende des zweiten Steins die Teilchen mit der geringsten Temperatur befinden. Stattdessen ist stets zu beobachten, dass sich die Teilchen so verteilen, dass sie im zusammengefassten System beider Steine in jedem räumlichen Abschnitt die mittlere Temperatur aufweisen. Jeder räumliche Abschnitt des Gesamtsystems weist also dieselbe mittlere Temperatur auf, der Beobachter erkennt keine Temperaturunterschiede in den verschiedenen Abschnitten der Steine. Die Energie hat sich in keinem Abschnitt der zusammengefügten Steine konzentriert und gesammelt und die davon am weitesten entfernten Abschnitte abgekühlt.

Dieses Phänomen, dass physikalische Vorgänge in Systemen, egal wie komplex diese sind, nur in eine bestimmte Richtung ablaufen, nämlich grundsätzlich in Richtung einer Zunahme der Entropie oder, aus Sicht des Beobachters, in Richtung einer Abnahme des Möglichkeitsraums, stellt den physikalischen Zeitpfeil, den natürlichen Zerfall, dar. Eine Zunahme der Entropie bedeutet dann, dass der Möglichkeitsraum abnimmt und umgekehrt führte eine konstante Entropie zu keiner Veränderung des Möglichkeitsraums, sondern allenfalls zu dessen Verschiebung, und die Abnahme der Entropie zu einer Vergrößerung des Möglichkeitsraums. In einem vergrößerten Möglichkeitsraum vermag ein Beobachter dann eine größere Anzahl von möglichen Handlungen a priori zu unterscheiden, sich kausales Wissen anzueignen und schließlich mit hinreichender Zuverlässigkeit eine größere Anzahl möglicher zukünftiger Zustände des Systems vorherzusagen. Er hat damit mehr Möglichkeiten, seinen eigenen Willen formulieren und im System realisieren zu können. In diesem strengen Sinne verstehe ich insofern auch den Zugewinn an Freiheit. Freiheit korrespondiert mit der Größe des Möglichkeitsraums und ergibt sich aus den willentlichen Handlungsmöglichkeiten eines Beobachters innerhalb seines Systems. Zu den Beobachtungs- und Handlungsmöglichkeiten, deren Auswirkungen unbekannt sind, können durch Kausalität Möglichkeiten hinzugefügt und die persönliche Freiheit erweitert werden. Lassen diese Einsichten auch Aussagen über Extremwerte des Möglichkeitsraums zu? Was ist der kleinst- und größtmögliche Möglichkeitsraum und gibt es Grenzen oder so etwas wie Allwissenheit über alle zukünftigen Zustände eines Systems? Aufs Ganze gesehen, dreht es sich also um die Fragen nach Veränderungen und Grenzen der Freiheit, die nun anhand des Konzepts der Entropie untersucht werden können.

4. Beobachtungssysteme und Grenzen der Freiheit

Im vorigen Abschnitt zeigte die aus der Thermodynamik auf die Beobachtungsproblematik übertragene Einsicht, dass mit jeder Beobachtung von etwas in der Welt in einem Beobachtungssystem grundsätzlich die Entropie zunimmt, d.h., dass sich der Möglichkeitsraum des Beobachters verkleinert. Mit Hilfe von Kausalitäten, also einer speziellen Methode der Beobachtungsdurchführung, ihrer Verinnerlichung und bestätigenden Wiederholung, vermag der Beobachter der unvermeidlichen Verkleinerung seines Möglichkeitsraums entgegenzuwirken und sie zu verlangsamen. Mit anderen Worten ist der Beobachter darauf angewiesen, sich über Lernvorgänge oder Anpassungsleistungen Wissen über seine Welt anzueignen. Andernfalls bliebe er auf zufällige Entdeckungen und Versuche angewiesen, wäre er nicht in der Lage, sein Leben selbstbestimmt und planvoll zu gestalten. Jeder Tag bliebe abhängig von schicksalshaften Wendungen und Fügungen, er bliebe auf das Wohlwollen anderer Mächte angewiesen. Insofern genügt die schnöde Durchführung einer Vielzahl unterschiedlicher Beobachtungen nicht, um etwas gelernt und seinen Möglichkeitsraum erhalten oder gar erweitert zu haben. So wird die Redewendung, dass Reisen bildet und man annehmen könnte, dass Personen, die viele verschiedene Situationen erlebt haben, etwas von der Welt wissen und sich darin frei bewegen können sollten, zu einer Floskel, wenn der Reisende nicht in der Lage war, aus den Erlebnissen kausales Wissen über die Welt oder sich selbst zu schöpfen. Und dieses Wissen ist nicht notwendigerweise auf materielle Eingriffe in die Welt begrenzt, sondern kann genauso gut emotionale Wirkungen im Inneren des Beobachters bzw. Verhältnisse über seine emotionalen Verfassungen zu unterschiedlichen Erlebnissen und Eindrücken umfassen.

Wenden wir uns zur Beantwortung der Fragen nach Veränderungen und Grenzen der Freiheit wieder den Einsichten der Thermodynamik zu. Dort gibt es den sog. „Zweiten Hauptsatz der Thermodynamik", der besagt, dass in geschlossenen Systemen die Entropie nicht abnähme.[47] Dies würde für einen Beobachter bedeuten, dass er trotz Annahme von einschränkenden Beobachtungsbedingungen, der Entwicklung und Anwendung von Kausaleinheiten, die stetige Verkleinerung seines persönlichen Möglichkeitsraums grundsätzlich nicht stoppen kann. Auch wenn er einen Teil seiner Lebenszeit dafür aufwendete, zur Schule zu gehen, hohe berufliche Qualifikationen zu erwerben und ihm daraufhin eine Vielzahl unterschiedlicher Berufsfelder offenstünde, so ist die Lebenszeit, die er dafür aufwendete, unwiderruflich verlebt und kann nicht wiederholt werden. Die Frage danach, was der kleinstmögliche Möglichkeitsraum eines Beobachters wäre, müsste dann damit beantwortet werden, dass es derjenige ist, über den ein Beobachter unmittelbar vor seinem Tod verfügt. Es wären dann nur noch ein einzelner Atemzug und der Tod möglich. Demgegenüber verfügte ein neugeborener Mensch den größtmöglichen Möglichkeitsraum, da ihm noch alle seine zukünftigen Handlungen bevorstehen. Diese Antworten geben einerseits relevante Aspekte über Beobachtungssysteme wieder und lassen sich hinsichtlich der verbleibenden Lebenszeit für die Durchführung von

---

47   Vgl. ebd., S. 136.

Beobachtungen und Handlungen empirisch bestätigen. Andererseits beantworten sie nicht zufriedenstellend das intuitive Gefühl, dass sich doch im Laufe des Lebens und in Abhängigkeit vieler unterschiedlicher Faktoren der individuelle Möglichkeitsraum und das Beobachtungssystem, in dem sich der Beobachter befindet, sehr stark wandeln und zudem von Person zu Person sehr unterschiedlich sein dürften. So hat zwar ein neugeborener Mensch oder ein Kind noch das gesamte Leben vor sich, allerdings können sie sich nicht eigenständig über weite Distanzen im Raum fortbewegen und verfügen über nur wenig kausales Wissen, um sich in der Welt zu verwirklichen. Offensichtlich sollte ihr Möglichkeitsraum kleiner als der eines erwachsenen Menschen sein.

Für die Untersuchung der Fragen ist daher eine genauere Betrachtung des Beobachters und seines Systembezugs notwendig. Der zuvor erwähnte Zweite Hauptsatz der Thermodynamik bezieht sich auf geschlossene Systeme und so verstehe ich auch in meinem Konzept des Möglichkeitsraums den jeweiligen Beobachter und sein Beobachtungssystem als ein geschlossenes System. Allerdings behaupte ich, dass ein Beobachter seine Systemgrenzen mittels Kausalität überschreiten und entgrenzen, sich in diesem Sinne befreien kann. Eine Veränderung der Systemgrenzen führte dann dazu, dass Kausalitäten in einem veränderten Bezugssystem wirken könnten und damit dem jeweiligen Beobachter auch einen veränderten Möglichkeitsraum erschließen. Eine Vergrößerung des Möglichkeitsraums setzt eine Übertragung von Kausalität vom aktuellen Beobachtersystem in ein erweitertes Beobachtersystem voraus. Eine Kausalitätsübertragung würde zwar immer noch zu einer Entropiezunahme sowohl im aktuellen System als auch erweiterten System führen, aber das Verhältnis von Gesamtentropiezunahme zum Möglichkeitsraum des erweiterten Systems könnte kleiner sein, als wenn nur das ursprüngliche einzelne System betrachtet wird. Die

Änderung der Gesamtentropiezunahme pro Änderung des Möglichkeitsraums könnte also für das erweiterte System kleiner als für das einzelne System sein. Durch den Vorgang der Kausalitätsübertragung bzw. Anwendung einer Kausalität in einem erweiterten Beobachtersystem ließe sich eine Verlangsamung der Gesamtentropiezunahme und damit eine echte Erweiterung des gesamten Möglichkeitsraums, ein genuiner Zuwachs an Freiheit, erreichen.

Auf Basis der eingangs angesprochenen Systemgrenzen eines menschlichen Beobachters, nämlich die biologische Geburt und der Tod eines Menschen, definiere ich versuchsweise ein Menschenleben als Beobachtungssystem, innerhalb dessen ein menschlicher Beobachter im Laufe seines Lebens Beobachtungen und Handlungen durchführen kann. Insofern führt die Konstruktion von Kausalitäten durch einen Beobachter innerhalb seines endlichen bzw. im physikalischen Sinne „geschlossenen Systems" zu einem Verbrauch seiner über die Lebenszeit verfügbaren Beobachtungen und reduziert damit seinen verbleibenden Möglichkeitsraum. Jede durchgeführte Beobachtung ist dabei ein unumkehrbarer (irreversibler) Vorgang: Eine gemachte Beobachtung ist gemacht und als solche nicht exakt wiederholbar. Die Wirkung der Beobachtung auf das System des Beobachters kann nicht ungeschehen gemacht werden, das Beobachtungssystem nie den Zustand vor der Beobachtung wieder einnehmen. An dieser Stelle lässt sich hinterfragen, ob „ein Menschenleben" eine geeignete Definition eines Beobachtersystems sei oder damit nicht viel eher der menschlich-biologische Körper gemeint ist, der mit der Geburt als abgrenzbares biologisches System in die Welt kommt und mit dem Tod aufhört in diesen Grenzen zu existieren. Daran schließt sich die Frage an, inwiefern sich Beobachtungen und Erfahrungen tatsächlich biologisch im Körper des Beobachters niederschlagen und ob nicht das menschliche Bewusstsein eine geeignetere Beschreibung des Beobachtungssystems eines Menschen wäre. Kommunikation erlaubte dann die Verbindung, Erweiterung, aber auch Abgrenzung oder Eingrenzung des menschlichen Bewusstseins. Ungeachtet dessen kann es dennoch für eine einzelne Person als ein geschlossenes System charakterisiert werden, da individuelle Existenz und Bewusstsein vom biologischen Körper abhängen und jeder biologische Körper einzigartig ist. Über die biologische Einzigartigkeit einer Person und die bewusste Kontrolle des eigenen Körpers für Beobachtungen bzw. Erfahrungen wäre eine abgeschlossene Systemgrenze festgelegt, die noch nicht, bspw. durch Technologien wie genetische Reproduktionsverfahren oder Klonen, überwunden wurde. Aber selbst hier dürfen Zweifel angebracht sein, ob es sich nicht auch bei Reproduktion eines Menschen um verschiedene Menschen handelt, solange sie über unterschiedliche räumliche Abgrenzungen, d.h. Körper, verfügen und diese jeweils unabhängig voneinander und eigenständig kontrollieren können. Denn dann verfügten sie über unterschiedlichen Willen und damit vermutlich auch verschiedene Bewusstseine, wodurch sie in der Lage wären, jeweils eigene Entscheidungen zu treffen, verschiedene Beobachtungen durchzuführen und unterschiedliche Erfahrungen zu machen.

Bezogen auf einen sterblichen Beobachter, der eine endlich begrenzte Anzahl von Beobachtungen in seinem Leben machen kann und sich in einem Beobachtungssystem befindet, das eine Anzahl von Raumteilen aufweist, die im Verhältnis zu den für ihn innerhalb seines Lebens möglichen Beobachtungen sehr viel größer ist, könnten sich Gefühle unbeschreiblich vieler Möglichkeiten und Hoffnung, aber auch Gefühle der eigenen Nichtigkeit und der zeitlichen Vergänglichkeit einstellen. Diese und jene Beobachtungen wären noch möglich, andere sind gemacht worden bzw. „vergangen" und nur noch eine (ggf. sehr große, aber endliche) Menge an Beobachtungen ist noch möglich bzw. liegt in der „Zukunft", bis im Absterben klar wird, dass nur noch wenige Beobachtungen verbleiben und schließlich eine letzte Unterscheidung in die finale kausale Möglichkeit des menschlichen Todes und in den unbekannten Raum jenseits des eigenen biologischen Lebens führt. Mit vollständiger Erschöpfung des eigenen biochemischen Energiepotentials verliert der Beobachter schließlich die Fähigkeit, sich selbst von den übrigen Raumteilen zu unterscheiden und verbleibt gemäß seiner Wirkanteile in seinem aktuellen Aufenthaltsort sowie all den von ihm zuvor beobachteten Raumteilen. Physikalisch gesprochen, beinhaltet auch dieser finale Schritt eine Entropiezunahme, da der menschliche biologische Körper verwesen und Teil des Humus oder zu Staub werden würde. Um im Bilde der Eiswürfel zu bleiben, löst sich der menschliche Körper auf und verwandelt sich zu Wasser. Die Entropie seines Beobachtersystems hat nun ihren größtmöglichen Zustand erreicht, da weitere Beobachtungen, Unterscheidungen und Erkenntnisse innerhalb dieses Beobachtersystems nicht mehr möglich sind.

Der Beobachter empfindet also ein stetiges Vergehen der individuellen restlichen Beobachtungsmöglichkeiten, ein Erschöpfen seines individuellen Potentials, während er sich in Richtung Zukunft bewegt. Die entropische Umwandlung des Energiepotentials in Beobachtungen entspricht dem physikalischen Zeitpfeil; der Beobachter bewegt sich notwendigerweise von Wirkung zu Wirkung und der Begriff „Ursache" bezeichnet Bedingungen, unter denen eine bestimmte Wirkung erfahren wurde. Die Rekonstruktion dieser Bedingungen und Aufstellung der „ursächlichen" Bedingungen zur Wiederholung einer bestimmten Wirkung ist selbst Wirkresultat einer Reihe von Beobachtungen bzw. Handlungen. Der Sinn von Kausalität bestünde dann einerseits darin, der allmählichen Verkleinerung des persönlichen Möglichkeitsraums entgegenzuwirken, seine Verkleinerung zu verlangsamen und persönliche Verwirklichungsmöglichkeiten, kurzum Freiheiten zu erweitern und zu erhalten. Andererseits erlaubt Kausalität auch die Verschiebung von Systemgrenzen und damit prinzipiell Zugewinne an Freiheit. Dies entspricht auch dem intuitiven Eindruck, dass die modernen Naturwissenschaften und Entwicklungen neuer Kausalitäten zu einer Entgrenzung der eigenen Handlungsmöglichkeiten führten und heute für jeden Menschen „alles möglich sei". Stellen wir uns für das Verständnis des Zusammenspiels zwischen Möglichkeitsraum, Systemgrenze und Entropie zwei einfache Beobachtersysteme vor:

Beobachtersystem 1

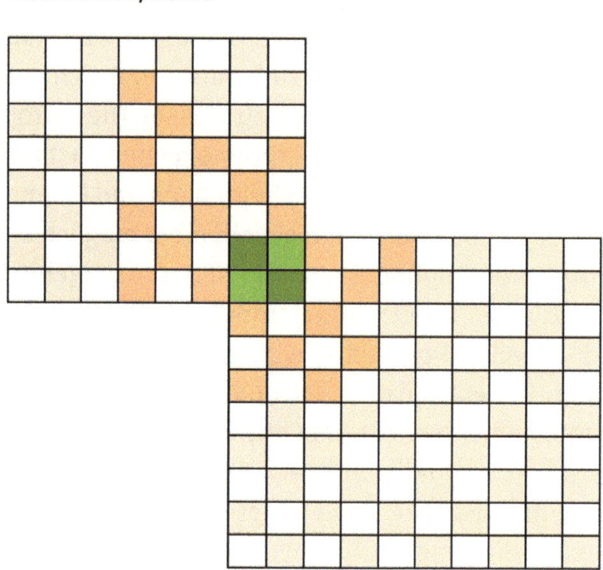

Beobachtersystem 2

Jeder Beobachter ist ein Resonanzkörper und kann den Inhalt einer Zelle bzw. einen Raumteil auf sich wirken lassen und wahrnehmen. Bezogen auf die Abbildung hieße dies, dass der Körper eines Beobachters eine Zelle einnimmt und damit diesen Raumteil auf sich wirken lässt, ihn wahrnimmt bzw. erfährt. Das insgesamt für

Beobachtungen zur Verfügung stehende Energiepotential eines Beobachters reicht für die Beobachtung von einer endlichen Anzahl von Raumteilen in seinem Beobachtersystem aus, bspw. für die Wahrnehmung von 35 Raumteilen. Ferner sei die Anzahl der insgesamt für einen Beobachter erreichbaren Raumteile, die beobachtet werden können, größer als das für die Durchführung der insgesamt möglichen Beobachtungen verfügbare Energiepotential. Zwecks Vereinfachung sind in der Abbildung für Beobachter 1 insgesamt 64 Raumteile in Beobachtersystem 1 und für Beobachter 2 insgesamt 100 Raumteile in Beobachtersystem 2 vorhanden, die jeweils wahrgenommen werden könnten. Als Nebenbedingung gilt zudem, dass nur unmittelbar angrenzende Raumteile beobachtet werden können, ein Beobachter also nicht von einem Raumteil in einer Ecke in einen Raumteil in der gegenüberliegenden Ecke seines Beobachtungssystems „springen" kann. Das begrenzte Energiepotential lässt sich aus der Unmöglichkeit, das Beobachtersystem von einem Ort an einen anderen Ort ohne Energieeinsatz zu bewegen, ableiten. Vom Aufenthaltsort des Beobachters aus können nur energetisch verbundene Raumteile erreicht bzw. beobachtet werden, der Beobachter muss Energie aufwenden, um seine Position und Beobachtung zu verändern. In der vereinfachten Abbildung könnte dies so verstanden werden, dass der Beobachter sich nur von einer Zelle zur nächsten fortbewegen kann, um diese Zelle zu beobachten und damit auf sich wirken zu lassen. Insgesamt könnten dann Beobachter 1 und 2 in ihren jeweiligen Beobachtersystemen jeweils 35 Zellen wahrnehmen und Beobachtungen machen. Mit anderen Worten ist es für die jeweiligen Beobachter aufgrund des begrenzt verfügbaren Energiepotentials nicht möglich, alle innerhalb ihres jeweiligen Beobachtersystems vorhandenen Raumteile wahrzunehmen. Diese Annahmen lassen sich begründen mit der notwendigen Beschaffenheit des Beobachters, wie oben angesprochen, ein Resonanzkörper zu sein, auf den von ihm verschiedene Raumteile einwirken. Andernfalls wäre keine Beobachtung eines Raumteils möglich. Ebenso ist eine unmittelbare Selbstbeobachtung unmöglich, da hier kein vom Beobachter verschiedener Raumteil wirkt und auch eine genaue Kenntnis der Grenzen des eigenen Beobachtersystems ist nicht vorhanden. Die bekannten Systemgrenzen verschieben sich tatsächlich fortlaufend: Zu Beginn aller Beobachtungen und a priori weiterer kausaler Erkenntnis im Beobachtungssystem vermag der Beobachter nur seinen eigenen Raumteil und einen von sich verschiedenen Raumteil wahrnehmen und entscheiden zu können, dass er sich in diesem zweiten Raumteil bewege. Im zweiten Raumteil angelangt, grenzen nun an diesen der Raumteil, aus dem der Beobachter sich fortbewegt hatte, und weitere neue Raumteile, in die er seine Bewegung fortsetzen könnte. Auf die modellhafte Abbildung übertragen, würde also zu Beginn des Beobachterlebens sein Beobachtungssystem aus lediglich zwei Zellen bestehen: ihm selbst und ein von ihm verschiedener unbekannter Raum. Nach der ersten Bewegung würden dann acht weitere Zellen an die ursprüngliche und nachfolgend beobachtete Zellen angrenzen und unterschiedliche Bewegungsmöglichkeiten repräsentieren. Wenn der Beobachter im Extremfall mit der ihm zur Verfügung stehenden Energie alle Raumteile seines Beobachtungssystems nachfolgend begutachten und erfahren könnte, dann könnte er eine Vorstellung von den Ausmaßen seines Beobachtungssystems entwickeln. Aber bedeutete dies auch, dass der Beobachter alle Raumteile dieses Systems kennt? Ich behaupte: Nein! Denn der Beobachter hat eine unbeobachtete Eigenwirkung, die er in jedem besuchten Raumteil hinterlässt, und verändert dadurch diesen Raumteil. Ebenso wirkt jeder besuchte Raumteil auf den Beobachter ein und verändert diesen. Insofern ist trotz räumlicher Systemgrenzen die Anzahl der insgesamt für einen Beobachter unterscheid- und beobachtbaren Raumteile notwendigerweise und bei differenzierter

Betrachtung das Beobachtersystem im Zuge der Beobachtungsakte einem stetigen Wandel unterworfen und unterstützt das Zeitempfinden innerhalb eines Beobachtungssystems, die Vorstellung eines Zeitpfeils, da sich der Möglichkeitsraum kontinuierlich verkleinert und die Entropie entsprechend laufend zunimmt.

Nun lässt sich berechtigterweise die Frage ins Feld führen, was überhaupt eine Beobachtung sei und wie sie sich voneinander abgrenzen ließen, also wo sie anfängt und endet. Denn dass es unmöglich ist, eine Beobachtung exakt zu wiederholen und jede Beobachtung den physikalischen Zustand des Beobachters und des beobachteten Raumteils verändert (beobachteter Raumteil gibt eine Wirkung an den Beobachter ab), haben wir oben schon verschiedentlich erörtert. Dies beantwortet aber noch nicht die ontologische Frage nach dem Wesen der Beobachtung. Ich schlage versuchsweise vor, eine Beobachtung dahingehend zu bestimmen, dass sie eine Wahrnehmung ist, die sich von anderen Wahrnehmungen des Beobachters hinreichend genau oder überhaupt unterscheiden lässt. Eine Beobachtung müsste sich demnach von einer anderen Beobachtung in einer Weise unterschieden, dass sie anders bezeichnet, symbolisiert und erinnert werden kann. Hieran entwickelt sich auch die Idee einer Beobachtungsfähigkeit, die einerseits im Beobachter begründet ist, Unterschiede hinreichend fein differenzieren zu können, aber auch im Beobachtersystem, das hinreichend unterschiedliche Raumteile bietet. Anfänglich bieten sich kontrastreiche Unterscheidungen an, so wie in der obigen Abbildung dargestellt die hellen und dunklen Zellen. Wie zuvor beschrieben ist es den Beobachtern nun möglich, sich innerhalb ihres jeweiligen Beobachtersystems von Raumteil zu Raumteil bzw. Zelle zu Zelle zu bewegen und die Zellenfarbe wahrzunehmen. Nehmen wir Beobachter 1, der beim Übergang von einem Raumteil zum nächsten die unterschiedliche Helligkeit wahrnimmt und sie so als zwei unterschiedliche Raumteile bzw. Beobachtungen realisiert. Die Unmöglichkeit, eine Beobachtung exakt wiederholen zu können, bedeutet in diesem Kontext auch, dass sich einmal gemachte Beobachtungen im Beobachter als Erinnerungen niederschlagen und ihn selbst verändern. Nach einer getätigten Beobachtung kann der Beobachter nicht mehr den Zustand, den er vor der Beobachtung hatte, herstellen. Dies befähigt ihn andererseits dazu, die Wahrnehmung von Raumteilen mit ihm selbst und den in ihm befindlichen Erinnerungen über zuvor getätigte Beobachtungen zu vergleichen. In der Abbildung weisen tatsächlich alle dunklen Zellen in Beobachtersystem 1 sowie die dunkelfarbigen Zellen in Beobachtersystem 2 eine unterschiedliche Farbe auf: Jede Zelle hat einen leicht unterschiedlichen RGB-Farbcode.

Wenn der Beobachter nun die Beobachtung eines bestimmten Raumteils wiederholen möchte, muss er mit dem ihm verbleibenden Energiepotential die hinreichend notwendigen Beobachtungsbedingungen zur Wiederholung der Wirkung rekonstruieren. In der bildlich dargestellten Vereinfachung entspräche dies einer Rückkehr an den Ort, wo die ursprüngliche Beobachtung erfahren wurde, also die Bewegung zurück in eine dunkel gefärbte Zelle. Die Randbedingung des begrenzt verfügbaren Energiepotentials für Beobachtungen schränkt jedoch die insgesamt möglichen Beobachtungen auf 35 Zellen ein. Beobachter 1 sieht sich insofern mit der Endlichkeit seines durch Bewegungen erreichbaren Möglichkeitsraums und einem sich stetig verändernden Beobachtungssystem, indem sowohl die bereits beobachteten Raumteile als auch der Beobachter laufend Wirkungen aufgesetzt sind, konfrontiert und hat sich zu entscheiden, in welche Zellen er sich zwecks Beobachtung bewegen möchte und auf welchem Wege, da unter der weiteren Randbedingung, dass die Zellen (energetisch) miteinander verbunden sein sollen, keine Sprünge möglich sind. Diesem Zustand der Endlichkeit, der Existenz innerhalb einer deutlich größeren Menge an unterscheid- und beobachtbaren Raumteilen sowie der Unkenntnis des aktuellen Zustands aller Raumteile seines Systems, stelle ich die Motive der Erkundung, Erkenntnis, Entfaltung und Ewigkeit, die einem Beobachter zu eigen sein können, gegenüber. Die Einsicht in die eigene Begrenztheit vermag auch eine abwägend, rational ökonomische Betrachtung der verbleibenden eigenen Lebensmöglichkeiten zu beinhalten. Diese Grundmotive können einen Beobachter dazu bewegen, die unbekannten Raumteile frei zu erforschen und Erfahrungen zu sammeln, um seine eigene Endlichkeit (das begrenzte Energiepotential) sinnvoll zu nutzen. Es könnte ihn auch veranlassen, darüber nachzudenken, welche weiteren Erfahrungen er in dem noch unbekannten Teil seines Systems zu erwarten hat. Der Beobachter könnte also versucht sein, Zustände und Wirkungen des Systems vor einer tatsächlichen Beobachtung eines Raumteils – a priori – vorherzusagen. Bewahrheitete Kausalitäten versetzen den Beobachter dann in die Lage, Wirkungen innerhalb seines Beobachtungssystems zuverlässig vorherzusagen und abzuwägen, ob ihm für die Realisierung einer Wirkung der dafür notwendige Energieaufwand und der Verzehr seiner verfügbaren Energieressourcen wert sind. Je früher der Beobachter Kausalitäten innerhalb seines Systems erkennt und durch Erfahrungen bewahrheiten kann, desto besser vermag er seine verbleibenden Energieressourcen einzuteilen und zukünftige Wirkungen abzuwägen. Sein Möglichkeitsraum ist angewachsen, sodass er nun seine verbleibende Energie darauf verwenden könnte, die ihm bekannten Kausalitäten in annähernder Ähnlichkeit zu wiederholen oder in seinem System neue Beobachtungen und Erfahrungen zu machen, bspw. die Grenzen des Systems auszuloten, anstelle der Farben andere Eigenschaften des Systems kennenzulernen usw. usf.

In der abgebildeten Veranschaulichung hat Beobachter 1 nahezu sein gesamtes Energiepotential von 35 erfahrbaren Zellen für die Beobachtung verschiedener Zellen aufgewendet (die jeweils dunkler eingefärbten Zellen) und dann die sich regelmäßig abwechselnde Existenz weißer und farbiger Zellen wiederholt erfahren und entdeckt, dass dies eine strukturelle Eigenschaft seines Beobachtungssystem ist. Die farbig hell schattierten Zellen stellen dabei die Vorhersage über den farblichen Zustand der noch nicht beobachteten Raumteile dar. Zum Zeitpunkt dieser Erkenntnis hat sich sein Möglichkeitsraum bereits stark verkleinert und die Entropie in seinem Beobachtungssystem kontinuierlich zugenommen und nähert sich ihrem größtmöglichen Ausmaß für sein System. Das Optimierungspotential zur entropischen Minimierung bzw. Maximierung des verbleibenden Möglichkeitsraums ist für Beobachter 1 angesichts seiner aufgezehrten Energieressourcen nur noch gering. Er kann die weitere Entropiezunahme in seinem System nur noch unwesentlich verlangsamen, einen Großteil seiner Energie hat er auf die räumliche Erkundung seines Systems und die späte Konstruktion der Kausaleinheit „Jeder zweite Raumteil hat einen dunkleren Farbton" verwandt. Hätte er dies früher erkannt, wäre eine andere räumliche Erkundung seines Beobachtersystems möglich gewesen, bspw. in eine andere Richtung, auf der Suche nach anderen Farben oder den Grenzen des Systems.

Im Sinne dieser Einsicht in die eigene Begrenzung nehme ich an, dass Beobachter 1 auch ein ausgeprägter Überlebensinstinkt zu eigen ist, der ihm das Ziel eingibt, zur Absicherung seines Lebens sein Beobachtungssystem möglichst gut kennen und schließlich auch die Endlichkeit seiner eigenen Existenz überwinden zu wollen. Vielleicht verfügt er auch über Selbstliebe, die ihn antreibt, sich selbst, auch zum Wohle anderer, zu dokumentieren und unsterblich zu machen. Ich habe bereits gezeigt, wie Kausalitäten die Vergrößerung seines eigenen Möglichkeitsraums erlauben, aber an der eigenen Systemgrenze notwendigerweise enden. Eine Möglichkeit, die eigene Systemgrenze und Endlichkeit zu überwinden, bestünde für Beobachter

1 darin, das von ihm innerhalb seines Beobachtungssystem gesammelte Wissen mittels Kausaleinheiten an andere Beobachter zur Verwendung in deren jeweils eigenen Beobachtungssystemen zu übergeben. Es wäre auch denkbar, dass Beobachter 1 keine Intention hat, eigene Erfahrungen weiterzugeben, und Beobachter 2 sich bestimmte Verhaltensweisen und Einsichten von Beobachter 1 abschaut und ohne gesonderte Instruktion erlernt.

In jedem Fall bleibt das Verwirklichungspotential von Beobachter 1 unverändert beschränkt, aber er könnte sich als Wirkung in Beobachter 2 und seinem Beobachtungssystem niederschlagen und in dessen Erinnerungen weiterexistieren. Schließlich ist denkbar, dass Beobachter 2 wiederum sein gesammeltes Wissen an weitere Beobachter weitergibt und somit prinzipiell ein Teil von Beobachter 1 unsterblich werden kann. Die Übergabe der erkannten Kausalität ist in der Abbildung anhand des grün eingefärbten Raumteils dargestellt, innerhalb dessen Beobachter 1 seine verbleibenden Energieressourcen aufwendet, um die Kausalität des sich abwechselnden Farbmusters sprachlich – also in einer anderen, aber gemeinsam bewahrheiteten Beobachtung – zu veranschaulichen und Beobachter 2 zu übermitteln. Beobachter 2 verfügt noch über den Großteil seines Energiepotentials von 35 Zellen und verwendet zunächst einen kleinen Teil davon zur Verifikation der Kausaleinheit in der unmittelbaren Umgebung seiner aktuellen Position. Nach der bestätigenden Erfahrung, dass sich die Kausalität bewahrheitet und die farbliche Ausgestaltung seines Beobachtersystems zuverlässig vorhersagen lassen, vermag er sein Energiepotential nun anderweitig einzusetzen als zur Erkundung und Konstruktion der Kausalität „Farbmuster der Welt". Es entstünde eine „Win-win-Situation": Beobachter 1 hat sich als dauerhafte Wirkung in weiteren Beobachtersystemen niedergeschlagen und Beobachter 2 bieten sich in Bezug auf seine verbleibenden Energieressourcen in seinem

System mehr Entfaltungsmöglichkeiten und Freiheiten, als es Beobachter 1 in seinem System hatte.

Der Abgeschlossenheit des Beobachtersystems und der unvermeidlichen Zunahme von Entropie lassen sich Kausaleinheiten entgegensetzen, wodurch sich einerseits – a priori – Zustände im Beobachtersystem vorhersagen lassen und sich andererseits das Beobachtersystem bzw. die in Kausaleinheiten „gespeicherten" Erkenntnisse für weitere Beobachter öffnen; Kausaleinheiten verweisen auf bereits gemachte Beobachtungen innerhalb eines Beobachtersystems und – vorausgesetzt, die Kausalität wird bewahrheitet – lassen sich in anderen Beobachtersystemen reproduzieren. Die Systemgrenzen in Bezug auf die Anwendung einer Kausalität lassen sich also verschieben und vergrößern. Kausaleinheiten bzw. gesetzmäßige Erkenntnisse vermögen insofern die Entropiezunahme in Beobachtersystemen zu verlangsamen. Positiv formuliert, heißt dies, dass mit einer kleineren Anzahl von Beobachtungen über Kausalität vorausschauende Erkenntnisse über den Zustand von Raumteilen in einem Beobachtersystem, die Welt eines Beobachters, möglich werden und damit sein Möglichkeitsraum für Handlungsentscheidungen anwächst. Insbesondere die Verbindung mehrerer Beobachtersysteme über Kausaleinheiten führt zu einem überproportionalen Wachstum des Möglichkeitsraums und vermag gegenüber einem einzelnen Beobachtersystem die Entropiezunahme signifikant zu verlangsamen. Diese Öffnung des Möglichkeitsraums ist notwendige Voraussetzung für die Erkundung der Systemgrenzen und ist entscheidend für jegliches Wachstum und aufgeklärtes Handeln in der Welt. Unterstellt man eine unbeschadete Weitergabe des Wissens über Kausalitäten über eine Reihe von Beobachtern hinweg, wären die Voraussetzungen für einen stetig wachsenden Möglichkeitsraum erfüllt. Ein Grenzwert für das Wachstum könnte der für die Wissensübermittlung notwendige Energieaufwand darstellen:

Sobald der Energieaufwand für diese Übermittlung größer wird als die verbleibenden Energieressourcen für weitere Beobachtungen in den Beobachtersystemen, ist ein theoretisches maximal mögliches Wissen über die Beobachtersysteme erreicht. Über diesen Grenzwert hinaus wären dann keine weiteren kausalen Erkenntnisse über die Beobachtersysteme mehr möglich. Für neue Kausalitäten müssten „alte" Kausalitäten „vergessen" werden. Die Abwägung, welche Kausalitäten vergessen werden könnten, dürfte wesentlich davon abhängen, welchen Wahrheitswert die Beobachter ihnen zumessen, d.h., wie häufig und in welchem Umfang Kausalitäten wiederholt und angewendet werden und wie stark sich der Möglichkeitsraum verkleinern würde, wenn eine Kausalität vergessen wird. Schließlich lässt anhand der Untersuchungen in diesem Abschnitt sich noch die Frage nach einer Allwissenheit negativ beantworten: Aufgrund der Wechselwirkungen zwischen Beobachter und beobachteten Raumteilen ist es weder möglich, alle Raumteile eines Beobachtungssystems zu erfahren und ihre aktuellen Zustände zu kennen, noch ist es wegen begrenzter Energieressourcen möglich, den Möglichkeitsraum stetig anwachsen zu lassen, sodass keine vollständige Erschließung der Beobachtersysteme möglich ist. Endlich ist auch zu erinnern, dass Kausalitäten „nur" logische und empirisch zuverlässige Schlüsse auf unbeobachtete Raumteile sind und keine tatsächlichen Beobachtungen. Kausalitäten können prinzipiell jederzeit durch Erfahrungen oder veränderte Beobachtungsbedingungen widerlegt werden und ihre Wahrheit einbüßen. Eine Allwissenheit ist damit unmöglich.

Im Sinne von Kant tragen die genannten Elemente dazu bei, die erkenntnistheoretische Frage danach, was eine Person wissen kann, zu beantworten, und zeigen damit die Grenzen der menschlichen Freiheit auf. Diese Grenzen gründen in der physikalisch-empirischen Bedingtheit der menschlichen Wahrnehmung und schränken damit

Kausalitäten auf einen endlichen Raum ein. Offen bleibt die von Kant daran angeschlossene ethische Frage, was eine Person tun soll. Diese Frage zielt neben den physikalisch-empirischen Grenzen auf eine Moral ab, die die Freiheit regulativ ausrichtet: Ist jegliche Erfahrung beliebig oder gibt es Anhaltspunkte dafür, welche Beobachtungen einer Person als gut, neutral oder schlecht bzw. wertvoller als andere bezeichnet werden können und wenn ja, auf welcher Grundlage?

5. Maßeinheiten und Moral

Der Ausgangspunkt für die Entwicklung einer Moral ist die oben beschriebene Verhältnisbildung aus mehreren Beobachtungen, die der Kern jeder Kausalität und des menschlichen Verstands ist. Die Verhältnisbildung mit dem Ziel einer Wertung entspricht dem Vorgang einer Messung, die sich auf einer Metaebene als die Anwendung von Vernunft verstehen und in der Konstruktion einer wertenden Kausaleinheit objektivieren lässt. Insofern handelt es sich bei der evolutiven Entwicklung der Erkenntnisse über die Welt um die Bewertung der Verhältnisse zwischen Beobachtungen und in speziellen Konstellationen, um Verhältnisse zwischen unterschiedlichen Kausalitäten sowie die Bewertung, Annahme bzw. Übernahme von Erkenntnissen anderer Beobachter. Hier sei noch einmal erinnert, dass zwei unterschiedliche Beobachtungen bzw. Kausalitäten stets nur indirekt verglichen werden können: Wie vergleiche ich bspw. zwei Symbole miteinander? Wie verhält sich Wirkung A zu Wirkung B? Grundsätzlich können versuchsweise alle Beobachtungen zueinander ins Verhältnis gesetzt werden: Wie stehen unterschiedliche Zeichen, wie ein „a" und eine „3" zueinander? Oder wie verhalten sich ein Stück Holz, bspw. ein Ast, und ein Stück Metall, bspw. ein Hufeisen, zueinander?

Wie stehen rot und blau zueinander im Verhältnis oder Emotionen wie Wut und Enttäuschung? Wie verhält sich das Gewicht eines Körpers zu seiner Größe usw. usf.? Auch Reflexionen des Bewusstseins oder Gefühle lassen sich zueinander ins Verhältnis setzen. Es ist aber stets die Festlegung eines Maßes notwendig, um die Relation und eine Wertung objektiv wirksam zu machen.

Das Maß ist selbst eine Kausaleinheit, dessen Funktion es ist, die Bewertung einer Relation wiederholbar und zuverlässig zu verkörpern. Diese besondere Form von Kausaleinheiten nenne ich „Maßeinheiten". Insofern behaupte ich, dass genauso wie zunächst alle übrigen Kausaleinheiten eine jede Maßeinheit subjektiv konstruiert und willkürlich ist. Wie bei der Konstruktion von Kausaleinheiten ist auch für Maßeinheiten die hinreichende Erfüllung der Bedingungskategorien notwendig. Dies würde die Möglichkeit einschließen, dass es auch unbewusste Maßeinheiten gäbe, die sich vornehmlich als (unbestimmtes) Gefühl ausdrücken und nur schwer willentlich, d.h. bewusst, festzulegen sind. Eine Beobachtung bewirkt ein wohltuendes, unangenehmes, schmerzhaftes, glückliches, trauriges, ängstigendes, verstörendes, anziehendes usw. usf. empfundenes Gefühl oder diffuse Kombinationen von ihnen. Da grundsätzlich jede Person diesen unbewusst ablaufenden Messungen ausgesetzt ist und sich ebenso unbewusst auf Basis von Erinnerungen subjektive Maßeinheiten ausbilden können, bspw. das Verhalten einer anderen Person eine bestimmte Furcht oder ein ablehnendes Gefühl auslöst, da ich eine Situation erlebte, die mir Schmerzen, Angst oder Schrecken einflößte, ermöglicht die Vernunft dem Menschen einen bewussten Umgang mit diesen wiederkehrenden Wirkungen und verschafft ihm insofern die Möglichkeit eines rationalen Umgangs mit Situationen und eine Erhaltung der Selbstbestimmung oder zumindest die Einordnung einer Erfahrung in seiner Welt. Die Konstruktion eines Maßes verschiebt das Gefühl bzw. die Empfindung in den Bereich einer bewussten Beobachtung und vernünftigen Reflexion, wodurch es den Beobachter befähigt, die gemessene Wirkung als Baustein für weitere – komplexe – Beobachtungen zu instrumentalisieren. Ein Gefühl wird als stark oder schwach eingeordnet, der beobachtete Gegenstand A ist nah oder entfernt (die Wirkung der Maßeinheit wäre die wahrgenommene der Größe des Gegenstands), ein Geräusch ist laut oder leise, ein Stoff riecht intensiv oder nicht, eine Person ist vertraut oder fremd (die Wirkung könnte hier die Wiedererkennung mit bereits gemachten Erfahrungen sein), ein Gefühl ist wohltuend, anziehend oder schmerzend, abstoßend usw. usf. Bestimmte Beobachtungen werden damit in den Status von Maßeinheiten erhoben bzw. sollen zu Maßeinheiten für andere Erfahrungen gemacht werden: Es bildet sich eine Metaebene zur Bewertung von Erfahrungen aus.

In einem ersten Schritt vermag ein Beobachter moralische Maßeinheiten zu konstruieren, indem er jede getätigte Beobachtung stets entweder als gute, neutrale oder schlechte Auswirkung auf das persönliche Empfinden bewertet. Gut, neutral oder schlecht verweisen auf eine individuell-persönliche und emotionale Ebene. Unter „gut" mögen sich dann näherungsweise ein positives Glücksempfinden, Lachen, Zuneigung, Adrenalin, sexuelle Höhepunkte, Zuversicht usw. usf. subsumieren. „Schlecht" könnte dementsprechend Schmerzen, Angst, niedergeschlagene Zustandsempfindungen, Hoffnungslosigkeit, Krankheit usw. usf. umfassen. Schließlich enthielten „neutrale" Beobachtungen Erfahrungen, die keine nennenswerten Empfindungen bewirkten. Auf Basis dieser strikt persönlichen moralischen Urteile ist es dem Beobachter möglich, Ansätze für seine persönliche Ethik zu entwickeln: Unterschiedliche Erfahrungen können in ihrer moralischen Güte verglichen werden, ein Erlebnis hatte „bessere" Auswirkungen als ein anderes usw. usf. Diese von mir beschriebenen Maßeinheiten sind zum einen notwendigerweise subjektiver Natur, d.h. auf einen einzelnen Beobachter begrenzt, und zum anderen auf vergangene Erfahrungen beschränkt, d.h., ein Beobachter kann stets nur gemachte Erfahrungen bewerten. Die Vorgehensweise zur Entwicklung moralischer Urteile lässt sich auch auf Kausaleinheiten übertragen und ermöglichte dann Urteile über a priori beabsichtigte Wirkungen. Dazu müssten Maßeinheiten wie andere Kausaleinheiten symbolisch objektiviert und die in sich hineingelegte Bewertung bzw. Methodik rationalisiert und so für wiederholte Anwendungen durch den Beobachter und auch andere Beobachter geöffnet werden. Derartig entwickelte Maßeinheiten ließen sich auf den persönlichen Möglichkeitsraum anwenden und erschlössen dann vernünftige Bewertungen über die Handlungen einer Person. Es wären verlässliche und wiederholbare moralische Urteile über Handlungen von Personen oder Gesellschaften möglich. Die neue Qualität dieser Maßeinheiten läge darin, dass auf ihrer Grundlage eine Reihe von Ge- und Verboten über Handlungen einschließlich Kausalitäten, eine empirisch begründete Ethik, möglich würde. Und aufgrund ihres empirischen Ursprungs, ihrer räumlichen Bedingt- und Beobachtbarkeit, die alle Menschen umfasst, dürften die Chancen für ihre universelle Moralität, äußerst gut stehen. Ungeachtet dieses Optimismus sei hier nochmal festgehalten, was Maßeinheiten nicht leisten können: Bewertungen von unbekannten Erfahrungen und moralische Urteile über akausale Sachverhalte. Mit anderen Worten ist Kausalität eine notwendige Voraussetzung für moralische Urteile.

Die Notwendigkeit einer Kausalität für moralische Urteile lässt sich auf Basis festgelegter Rechtsvorschriften veranschaulichen: Rechtsvorschriften spiegeln gesellschaftlich erwünschte Wirkungen wider, in denen die Annahme steckt, dass eine Einhaltung der Rechtsvorschriften für die Gesellschaft gute Auswirkungen zeitigt und Verstöße gegen diese entsprechend sanktioniert werden müssen. Für ein Urteilsspruch wird demnach ein Sachverhalt analysiert, unter die Rechtsvorschrift subsumiert und eine Rechtswirkung gefolgert bzw. durchgesetzt. Dabei suchen die Analyse und Subsumtion nach (logischen) Übereinstimmungen der empirischen Sachverhaltsbeschreibung mit gültigen Rechtssätzen. Die Ergebnisse der Analyse und Subsumtion kumulieren im Urteilsspruch und der nachgelagerten Rechtsfolge, welche dann durch die Beteiligten bzw. weitere Organe der Rechtsprechung um- und durchgesetzt werden können. Das Urteil unterstellt, dass der Rechtsvorschrift zuverlässiges Wissen über erwartbare Auswirkungen der geprüften Handlungen zugrunde liegt und ein Urteil über diese Auswirkungen a priori, bevor diese Handlungen wiederholt ausgeführt werden, auf Basis der Rechtsvorschrift möglich ist. Moralische Urteile können sich demnach nicht auf gänzlich neue oder singuläre, einzigartig persönliche Beobachtungen oder Handlungen beziehen, solange die daraus folgenden Auswirkungen noch keine kausale Gesetzmäßigkeit aufweisen. Moralische Urteile über eine Handlung oder einen Sachverhalt unterstellen insofern eine gedachte kontinuierliche Fortsetzung oder Wiederholung der Handlung bzw. des Sachverhalts und stellt auf die vorhersehbaren Auswirkungen der Fortsetzungen oder Wiederholungen, die bewertet und in Bezug auf eine Moral gefördert, neutral wahrgenommen oder bestraft werden können, ab. Für moralische Urteile auf Basis meiner Kausalitätstheorie ist also im Weiteren einerseits eine universelle Maßeinheit, die auf jede Handlung und Kausaleinheit angewandt werden kann, zu entwickeln und andererseits müssen praktische Kriterien für die Analyse und Subsumtion von Sachverhalten aufgedeckt werden. Letzteres umfasst die Frage, inwiefern ein Sachverhalt überhaupt eine Kausalität darstellt, also ob eine Handlung regelmäßig zu denselben Wirkungen führt und was die materiellen Bedingungen, die Rahmenbedingungen, für die Durchführung der Handlung sind und ob so eine moralische Beurteilung möglich wird. Sofern eine Handlung als Kausaleinheit klassifiziert werden konnte, schlösse sich das moralische Urteil an, ob diese Kausalität gut, neutral oder schlecht sei.

Die Schwierigkeit zur Etablierung von universellen Maßeinheiten besteht darin, dass analog zu „normalen" Kausaleinheiten objektivierte Maßeinheiten in Beobachtungen bewahrheitet werden müssen und damit in ihrer Verbreitung und Anwendung von der Einwilligung anderer Beobachter abhängen. Demgegenüber besteht die Besonderheit anerkannter Maßeinheiten darin, dass sie mehreren Beobachtern eine schnelle und effiziente Verständigung darüber ermöglichen, wie eine andere Beobachtung zu bewerten sei, und ebnet den Weg zur Beantwortung, was der Wert bestimmter Beobachtungen sei. Breit anerkannte Maßeinheiten erlauben insofern die effiziente Bewertung eines Sachverhalts durch mehrere Beobachter. Eine Maßeinheit kann dabei einen Raumteil, bspw. einen einfach zu handhabenden Gegenstand wie einen Stein, benutzen, der das Maß symbolisiert und diesen ins Verhältnis mit einer anderen Beobachtung setzen, bspw. indem das Gewicht anderer Objekte jeweils mit dem Gewicht des Steins verglichen wird. Auf diese Weise hätte die Person mit dem „Maßstein" eine objektive Maßeinheit erschaffen. Diese Maßeinheit kann die Person auch einem anderen Beobachter geben, ihm die Anwendung erläutern und ihm so eine einfache Verifikation seiner Bewertungen ermöglichen. Eine Maßeinheit würde dann benutzt, um andere Wirkungen in einer festgelegten Messanordnung mit ihr selbst ins Verhältnis zu setzen. Mit anderen Worten wird eine Beobachtung auf die Maßeinheit bezogen und damit die Beobachtung als Wirkung der Maßeinheit (logisch) eingeordnet. Es lassen sich dann Aussagen treffen wie: Beobachtung A wirkt innerhalb der Kausalität der Maßeinheit um ein Vielfaches von Beobachtung B.

Aufgrund der räumlichen Bedingtheit jeder Beobachtung bietet sich die Physik als Quelle einer universellen Maßeinheit an. In ihr wird jedoch meines Erachtens der Begriff Maßeinheit anders verwendet und birgt damit die Gefahr der Verwechslung mit einer bloßen Beobachtung. In meiner Deutung verwendet sie den Begriff Maßeinheit als „Größe" für eine „Dimension", die die Wirkung einer Beobachtung in einer Zahlenskala diskret angibt. So bildete ein in Paris vom Internationalen Büro für Maß und Gewicht verwahrtes Urkilogramm, ein Metallzylinder, die „Maßeinheit" zur Einordnung von Gewichten bzw. der Wirkung der Gravitation auf Massen auf der Erde. Ferner bestehen in der Physik im Internationalen Einheitensystem die weiter oben bereits angesprochenen sieben unterschiedlichen Grundeinheiten[48], aus denen sich alle anderen physikalisch beobachtbaren Wirkungen ableiten lassen. Ich halte den Begriff der Grundeinheiten als Bezeichnung für natürliche und universelle Grundwirkungen, Naturkonstanten, akzeptabel, aber die analoge Verwendung der Begrifflichkeit Maßeinheit für unsauber oder zumindest stark verkürzt. Denn bspw. ist das Urkilogramm selbst noch keine Maßeinheit in dem von mir aufgestellten Verständnis einer speziellen Kausaleinheit, sondern „nur" ein notwendiger Bestandteil für die Konstruktion der zugehörigen Maßeinheit. Ohne die Festlegung weiterer hinreichend notwendiger Messbeobachtungsbedingungen können Kausalitäten nicht in die Maßeinheit eingeordnet werden. So ist noch eine Einrichtung notwendig, die das Gewicht des Urkilogramms (eigentlich ihre gravierende Wirkung) mit dem Gewicht bzw. der Wirkung einer anderen Beobachtung vergleicht: eine Waage. Die Apparatur und Logik der Waage ist es, die angibt, welches Vielfache der Wirkung des Urkilogramms die Wirkung eines anderen beobachteten Raumteils ist. Für eine vollständige Maßeinheit ist insofern auch eine umfassende

---

48   Diese sind Kilogramm [kg] für Masse, Meter [m] für Länge, Sekunde [s] für Zeit, Ampere [A] für Stromstärke, Kelvin [K] für Temperatur, Mol [mol] für Stoffmenge und Candela [cd] für Lichtstärke, vgl. die Website des „*Bureau International des Poids et Mesures*" unter der Rubrik „SI Base Units".

Beschreibung der Bedingungen der gesamten Messeinrichtung anzugeben, da diese Bedingungen notwendiger Teil der Maßeinheit sind. Demnach sind die „Größen" bzw. Grundwirkungen der Physik zunächst nichts anderes als die Wirkung einer Beobachtung, aber im engen kausalen Sinne noch keine Maßeinheiten.

Meiner Ansicht nach ist aber das Besondere dieser Grundwirkungen, dass mindestens eine von ihnen in jeder Beobachtung existiert und damit in jedem Raumteil wahrgenommen und gemessen werden kann. Dies ermöglicht dann eine systematische Normierung der materiellen Beobachtungsbedingungen in Maßeinheiten und vereinfacht die Verbreitung und weiterführende Konstruktionen von Kausaleinheiten auf Basis der Grundwirkungen. So stelle ich mir vor, dass zunächst die Wahrnehmungen einiger Grundwirkungen normiert wurden – das „Urkilogramm" für die Gravitation, der „Urmeter" für räumliche Größe, die „Urschwingung" bestimmter Moleküle als Zeitraum einer Sekunde etc. – und diese dann in weiteren physikalischen Kausalitäten verarbeitet wurden, bspw. in der Kausalität „Geschwindigkeit", die die vektorielle Bewegung eines Raumteils von Punkt A zu Punkt B ins Verhältnis zur verstrichenen Zeit setzt (Meter pro Sekunde [m/s]) oder die „Dichte", die das Gewicht eines Raumteils ins Verhältnis zum Volumen des Raumteils setzt (Kilogramm pro Kubikmeter [kg/m³]) usw. usf. Der evolutorische Fortschritt in der Physik führte dann zu neuen komplexeren Kausalitäten, die kontinuierlich auf den bereits erfolgreichen Kausalkonstruktionen aufbauen, bspw. die differenzielle Untersuchung der Beschleunigung, die die Änderung der Geschwindigkeit innerhalb eines Zeitraumes betrachtet ((Meter pro Sekunde) pro Sekunde [m/s²]) oder der Raumausdehnungskoeffizient von Stoffen, der die Veränderung der Dichte pro Temperaturänderung beobachtet (Volumenveränderung pro Kelvin [Δ m³/K]) usw. Schließlich ist die physikalische Größe der Wirkung selbst [Energie * Zeit]; Wirkungen werden also anhand ihrer

Energie und Dauerhaftigkeit miteinander verglichen. Eine Wirkung ist demnach groß, wenn sie entweder viel Energie hat (eine „große" räumliche Veränderung auslöst) oder über eine lange Zeit andauert (ein Raumteil lange existiert). Die Kombination aus beiden würde dementsprechend schnell zu sehr großen Wirkungen führen.

Damit gründen alle Konstruktionen physikalischer Gesetze auf den Ergebnissen von Experimenten und physikalischen Messungen.[49] Mit anderen Worten wird die Welt fortlaufend durch die Anwendung von Maßeinheiten, also durch einen Teil von ihr selbst, entdeckt, bearbeitet, geordnet, bewertet und gestaltet. Die räumlich-kausale Orientierung vieler Lebensformen, insbesondere des Menschen, ist tief in seiner materiellen Existenz verwurzelt und bestimmt weitestgehend die Lebensführung. Physikalische bzw. prinzipiell alle Gesetzmäßigkeiten werden nicht unbearbeitet in der Welt gefunden, sondern sind menschliche Erfindungen und soziale Konstruktionen, die sich in der Welt regelmäßig materialisieren lassen. Eine absolute, vom Beobachter unabhängige Existenz dieser Gesetze lässt sich nicht beweisen, genauso wie die Ungewissheit verbleibt, wie universell und dauerhaft die Gesetze tatsächlich sind. Alle Beobachtungen der Gesetzmäßigkeiten bleiben notwendigerweise an das jeweilige Beobachtersystem gebunden, sodass stets Unsicherheiten bestehen, ob diese Gesetze auch in bisher unbeobachteten Raumteilen des Universums oder unter veränderten Beobachtungsbedingungen Gültigkeit behalten. Die Physiker formulieren dies so, dass jede Messung bzw. Beobachtung ein diskreter und unstetiger Vorgang ist; die Unterscheidung von Eigenschaften und Größen eines Raumteils ändert sich für den Beobachter unstetig, durch den Beobachtungsakt findet ein Übergang vom subjektiv Denkbaren, d.h. spekulativen,

---

49   *Wind* [1934] 2001, Experiment und Metaphysik, S. 70.

zum objektiv Faktischen, d.h. empirisch evidenten, statt.[50] Alles, was zwischen zwei beobachteten Zuständen „geschieht", entzieht sich einer Messung und damit der Objektivität, wodurch es eine subjektive Spekulation bleibt[51] und nur als solche beobachtbar bleibt.

Die Nutzung physikalischer Wirkungen in technischen Apparaten oder die Erfassung empirischer Daten zur Entwicklung von Maßeinheiten, die den Beobachtern vorgefertigte objektive Bewertungen anbieten, legt die Versuchung nahe, diese vielfältig und auch in gesellschaftlichen Zusammenhängen, die eine Verständigung über eine große Anzahl von Beobachtern erfordern, einzusetzen. Den Beobachtern könnte anhand technischer Apparate bzw. Vergleichsverfahren, die Maßeinheiten verkörpern, die Bewertung von Kausalitäten erleichtert werden. Sie müssten sich lediglich der Bedienungsbedingungen der Apparaturen bzw. Vergleichsverfahren annehmen und könnten dann anhand dieser die Welt beurteilen. Diese Vereinfachungsfunktion wäre im Alltag sehr relevant, da viele Wahrnehmungen komplexe oder emotionale Kausaleinheiten betreffen, die sich nicht einfach objektivieren lassen und dementsprechend daher auch objektiven Bewertungen unzugänglich sind. Wie nützlich wäre insofern doch ein Apparat oder ein Vergleichsverfahren, das für mich Bewertungen ausführte. So ließen sich bspw. auch stark emotionale Vorgänge wie die Partnerwahl dahingehend in Wirkungen kausalieren, die angeben, ob die Kausalität „gute Partnerwahl" existiert und wenn ja, wie gut: wenn bspw. eine Person meine Aufmerksamkeit und Blicke auf sich zieht, sich mein Puls beschleunigt, Körpermerkmale eine Symmetrie aufweisen oder andere biochemische Merkmale auftreten, die Person über einen hohen Bildungsabschluss verfügt und sagt, Treue sei wichtig, ein bestimmtes Sternzeichen

---

50   Vgl. *Heisenberg* 1979, Quantentheorie, S. 55 f.
51   Ebd., S. 54.

aufweist, über viel Geld verfügt, mir regelmäßig Komplimente macht und Nachrichten schreibt usw. usf., dann könnte ein technischer Apparat oder ein Vergleichsverfahren einzelne Merkmale laufend erfassen und dann in einem Punktesystem anzeigen, ob und wie gut eine andere Person zum Nutzer des Apparats bzw. des Verfahrens passend wirkt. Ein Beobachter wäre anhand dieser Maßeinheit von seiner subjektiven Bewertung entlastet und in der Lage, den Wert seiner Wahrnehmung weiteren Beobachtern vereinfacht zugänglich zu machen: „Du hast für mich 7 Matching-Einheiten" könnte dann die Bewertung lauten und wenn die andere Person eine ähnliche Bewertung erhält, könnte daraus das Urteil gebildet werden, dass sie beide zueinander gut passend wirken und damit Zeit miteinander verbringen sollten. Derartige Vorgänge lassen sich in sozialen Medien beobachten, wo es ein Maßstab ist, wie viele „Likes" die Zurschaustellung eines Videos oder Bilds etc. erhalten hat und so Aussagen ermöglicht, dass einige Inhalte ein Vielfaches beliebter seien und damit suggerieren, sehenswerter als andere zu sein. Die empirischen Methoden zur Anwendung von Maßeinheiten für die Bewertung von vielfältigen Beobachtungen laden dazu ein, objektive Bewertungen für alle Beobachtungen zu entwickeln und Urteile zu induzieren, bspw. indem die Bewertungen Handlungsmaximen, dass etwas zu tun sei, nahelegen. Wie gezeigt wurde, geben Maßeinheiten aber zunächst lediglich ein (logisches) Verhältnis zwischen zwei Beobachtungen innerhalb einer Kausalität an und enthalten keine Aussagen oder Hinweise darüber, ob die verglichenen Beobachtungen kausal sind und die eine Beobachtung einer anderen Beobachtung vorzuziehen sei. Solange eine Maßeinheit nicht auf die Bewertung universeller Kausalitäten ausgerichtet ist, können sie keine universellen Urteile enthalten und treffen. Sie bleiben in ihrer Wirkung notwendigerweise stets subjektiv, lokal oder spezifisch. Dies zeigen die grundsätzliche Attraktivität und die Wirkmächtigkeit mathematisch-naturwissenschaftlicher Maßeinheiten, die unabhängig von gesellschaftlichen oder individuellen Spezifika universell wirken können und insbesondere im politischen Diskurs zur Vortäuschung wissenschaftlicher Gewissheiten benutzt werden.

Da die Maßeinheit jedoch selbst eine Kausaleinheit ist und ihre Wirkung von der Erfüllung der Bedingungskategorien abhängt, ist ihre Objektivität zur Bewertung von Wirkungen u.a. von der Bildung und Akzeptanz ihrer Anwender bzw. den Beobachtern abhängig (psychische Bedingungskategorie). Eine vorgefertigte Symbolik, Vergleichsmethodik oder technische Apparatur senkt die Voraussetzungen zur inhaltlichen Erfüllung der Bedingungskategorien ab und erleichtert es anderen Beobachtern, ihre Einwilligung in die Maßeinheit, sprich die Bewertungsmethodik, zu geben und sich selbst den notwendigen Beobachtungsbedingungen hinzugeben, die Apparatur zu benutzen und für die Bewertung einer Beobachtung anzuwenden. Dabei ist zu beachten, dass je spezifischer die Festlegung der Beobachtungsbedingungen einer Maßeinheit ist, desto eingeschränkter die Anwendung der Maßeinheit ist. Es wäre nicht möglich, einen Geruch in der Maßeinheit „Länge", im Sinne der Höhe, Länge oder Breite eines Raumteils, wirken zu lassen. Zugegeben, Geruch ist eine Wahrnehmung, für die es bis heute (noch) nicht leicht ist, eine Maßeinheit anzugeben. Passend zur Maßeinheit „Länge" wäre die räumliche Wirkung, also in welchem räumlichen Ausmaß sich der Geruch feststellen lässt. Mit einem Zollstock könnte der Raum vermessen werden. Aber auch dem Zollstock sind hinsichtlich seines Anwendungsspektrums Grenzen gesetzt: Mit einer handelsüblichen Länge von 2 m und einer Maßanzeige in 1-mm-Schritten ist er sicherlich nicht dazu geeignet, die Entfernung von der eigenen Wohnung bis zur Fabrik am gegenüberliegenden Ende der Straße, die Entfernung von Kassel nach Göttingen oder die Länge mikroskopischer Objekte in sich abzubilden. Maßeinheiten machen nur Verhältnisbildungen möglich, die ihrer Konstruktionslogik und Absicht entsprechen. Ein Thermometer ist bspw. dafür konstruiert, die Temperatur anzugeben und nicht die Luftfeuchtigkeit oder Helligkeit usw. usf. Beobachter können Maßeinheiten wie vorgefertigte Apparate als ein Instrument nutzen, um in der für die Nutzung (Wirkung) des Instruments vorab festgelegten Konstruktionslogik bestimmte Vergleiche machen zu können. Beobachtungen außerhalb des jeweiligen Anwendungsspektrums lassen sich zwar feststellen, aber nicht in ein zuverlässig wiederholbares und vergleichbares Verhältnis der Maßeinheit setzen. Wie für jede Kausaleinheit gilt zudem für Maßeinheiten, dass ihre Verwendung vom Willen des Beobachters, sich der Anwendungslogik hinzugeben, abhängt. Ein Beobachter, der einfach nicht gewillt ist, eine Maßeinheit entsprechend ihrer Messlogik anzuwenden, z.B. soll das Thermostat das Gewicht eines Objektes angeben oder ein Zollstock die Temperatur usw. usf., wird die Maßeinheit nicht gemäß der in ihrer Konstruktion angelegten Absicht verwirklichen. Je nach Beobachtungsgegenstand wäre demnach eine geeignete Maßeinheit auszuwählen.

Die andauernde und wie in vorigen Abschnitten dargestellte vielfältige Anwendung von teilweise sehr komplexen Kausaleinheiten durch eine Vielzahl von Beobachtern bedeutet, dass sie in einer Vielzahl unterschiedlicher Bedingungen von vielen verschiedenen Beobachtern für viele verschiedene Zwecke eingesetzt werden und die Entwicklung von sinnvollen Maßeinheiten so herausfordernd machen. So müssten Maßeinheiten auch für eine vereinfachte Bewertung der zwischenmenschlichen Kommunikation und sozialer Komplexitäten angewendet werden können. Hier denke ich auch an die fortlaufende „Erfindung" symbolbasierter Sprachen an sich, die praktisch unter allen erdenklichen Lebensbedingungen von einer Vielzahl von Menschen für verschiedenste Zwecke eingesetzt wird. So spricht ein Beobachter von einem Film, den er gesehen hat, der nächste weist die Fahrgäste an, sich anzuschnallen, der nächste erläutert seine Forschungen über neue Krankheitsbilder usw. usf. und alles ist in einer Vielzahl von Sprachen unter Verwendung einer jeweils begrenzten Anzahl sprachlicher Kausaleinheiten möglich. Weiterhin denke ich auch an Prozesse zur Meinungsbildung und Entscheidungsfindung darüber, welche Regeln bspw. für die massenhafte Verwendung hochtechnologischer Produkte (Stichwort Gentechnik, Atomtechnik, Nanotechnik, künstliche Intelligenz, ferngesteuerte Waffentechnologien, lebensverlängernde medizinische Maßnahmen usw. usf.) gelten sollen, aber auch an soziale Veränderungen, die gesellschaftliche Entscheidungen erfordern (Migrationsbewegungen infolge von Armut, Klimawandel, Krieg usw. usf.). Die Komplexität der relevanten Aspekte dieser Themen im Vergleich zur alltäglichen Erfahrungswelt könnte durch die Vereinfachung des erkenntnistheoretischen Analysewerkzeugs abgeschichtet werden und die Entscheidungsfindung verbessern bzw. die Ausformulierung des Willens und ethischer Maßstäbe (Maßeinheiten) erleichtern. Denn wie gezeigt wurde, ist jede Kausaleinheit letztlich von der Einwilligung und damit Akzeptanz der Beobachter abhängig. Das angesprochene Kriterium der Einfachheit bezieht sich demnach auch auf die „Einfachheit", neue oder veränderte Kausaleinheiten akzeptieren zu können bzw. bewerten zu können. Ich gehe nämlich davon aus, dass, wenn Beobachter uneinsichtig sind und die Absicht bzw. den Sinn und Wert einer Kausalität nicht erkennen können, ihre Einwilligung in sie geringer sein wird. Zur Wahl geeigneter Maßeinheiten bemerkt Wind mit Blick auf technische Messapparaturen und Experimente zur Entwicklung von physikalischen Kausalgesetzen:

„Die Wahl des [Mess-]Instruments ist weder logisch durch reines Denken begründbar, noch ist sie empirisch in dem Sinne motiviert, dass sie sich aus reiner Beobachtung ableiten ließe.

Sie kann nur als Akt symbolischer Repräsentation definiert werden. Und dies bedeutet, dass sie willkürlich und zugleich zweckvoll ist. Sie ist willkürlich, da sie einem physischen Objekt die Funktion auferlegt, ein metrisches Schema darzustellen. Sie ist zweckvoll: denn durch dieses Verfahren werden die physischen Koinzidenzen zwischen diesem Körper und anderen Körpern zu Anzeichen metrischer Entsprechungen. Das Ziel ist, diese Entsprechungen in der Form von Gleichungen auszudrücken, derart, dass die Sammlung von ‚vérités de fait' durch ein System von ‚vérités de raison' begrifflich erfassbar wird."[52]

Wind geht im Weiteren auf die Aussage, dass die Wahl des Messinstruments willkürlich sei, genauer ein und fragt:

„Was kann uns dazu veranlassen [dem einen Messinstrument vor einem anderen] den Vorzug [...] zu geben?

Die Mathematiker haben hierauf eine sehr einfache Antwort. Sie sagen: Die ‚Einfachheit' entscheidet. Ob es ‚richtiger' ist, [das eine oder andere Messinstrument] als Maßsetzung zu benutzen, dafür gibt es kein empirisches Kriterium, sondern

---

52 *Wind* [1934] 2001, Experiment und Metaphysik, S. 75. *Wind* stellt hier auch die Frage: „Wie können wir dessen sicher sein, dass die Gleichungen, welche Entsprechungen auf Grund von Koinzidenzen zum Ausdruck bringen, mit den axiomatisch abgeleiteten Gleichungen, wie sie in geometrischen Lehrsätzen auftreten, im Einklang stehen werden?" Seine Frage würde ich so beantworten, dass aufgrund der Unkenntnis aller möglichen materiellen Bedingungen von Beobachtungen, die „ewige" Sicherstellung von Kausalitäten a priori unmöglich ist. Die Erfahrung bzw. Empirie würde dann zeigen, unter welchen Beobachtungsbedingungen der „Einklang" ggf. nicht (mehr) besteht bzw. nicht (mehr) bewahrheitet wird und Kausalitäten verfallen. Die andauernde Überprüfung der Entsprechung von Empirie und symbolischer Kausalität ist Teil der menschlichen Existenz.

166

nur ein logisches. Man wird immer [dasjenige Messinstrument] vorziehen, von dem aus betrachtet die Naturgesetze sich besonders einfach darstellen. Aber ist denn, rein logisch betrachtet, ‚Einfachheit‘ ein eindeutiger Begriff? Muss man nicht fragen: ‚einfach wofür‘?"[53]

Wind verweist hier auf einen Ansatz von Mathematikern, der die Verwendung von Symbolik auf ein Minimum reduziert und damit vereinfacht. Weiterhin sieht Wind darin kein empirisches Kriterium, sondern ein logisches. Im Widerspruch zu seiner Aussage, dass die Wahl einer Maßeinheit nicht logisch begründbar sei, führt er dann doch den logisch-symbolischen Ansatz von Mathematikern ins Feld, der allerdings mit einer unklaren Zweckmäßigkeit verbunden bliebe. Streng betrachtet bleibt zudem die Spannung, ethische Maßeinheiten für räumliche Erfahrung der Welt aus rein abstrakten bzw. rein symbolischen Prinzipien zu entwickeln.

Zum Schutze der Mathematiker und Wind, aber insbesondere vor dem Hintergrund meiner Überlegungen zu Kausaleinheiten, halte ich diese Aussagen über die Logik, Mathematik und Einfachheit als ein von der Empirie verschiedenes Kriterium, ein scheinbar unabhängig von der Empirie bestehender Gegenstand, für unpräzise. Die Aufstellung oder Entdeckung logischer Symboliken ist eine menschliche und damit empirische Beobachtung. Meine Kritik bezieht sich, wie oben gezeigt wurde, auf die Räumlichkeit von Symbolen als eine notwendige Voraussetzung für die Wahrnehmung und Existenz von Logik. Demzufolge wäre der mathematische Ansatz, der ein logisches System mit einer minimalen Anzahl von Symbolen aufstellen möchte, empirisch mit einer minimalen Beanspruchung von Raumteilen sowie Energie gleichzusetzen und könnte in diesem Sinne als ein

---

53   *Wind* [1934] 2001, Experiment und Metaphysik, S. 95.

empirischer Vorgang beschrieben werden. „Einfachheit" bedeutete dann, dass möglichst wenige Symbole und damit gleichsam weniger Energie für die Erstellung, Dokumentation und wiederholte Beobachtungen der Symbole aufgewendet würden. „Einfachheit" ließe sich dann verstehen als die kleinstmögliche Anzahl von Rechen- oder Denkschritten bzw. notwendigen Axiomen und Beobachtungsbedingungen, aus denen sich alle komplexeren Kausaleinheiten konstruieren lassen bzw. die Teil jeder Beobachtung sind. Eine Form, die in allen übrigen Formalisierungen Verwendung finden kann. So ließen sich verschiedenste Handlungen und Kausalitäten auf eine geringere Anzahl notwendiger und hinreichender Ursachen zerlegen und in wenigen Wirkprinzipien vereinfacht darstellen. Der Suchauftrag lautet also: Gibt es eine universelle Maßeinheit, die eine moralische Bewertung jeder Beobachtung und Kausaleinheit ermöglicht, quasi das metaphysische Pendant zum Planck'schen Wirkungsquantum?

Die Entwicklung einer allgemeinen Moral für Handlungen, und damit auch die Konstruktion von Kausaleinheiten, müsste demnach ihren Ausgang dort nehmen, von wo aus notwendigerweise eine Universalität und eine möglichst einfache Bewahrheitung gegeben wären: in der räumlichen Erfahrung der Welt. Die Inhalte aller Bedingungskategorien sind räumliche Teile dieser Welt, weshalb sich ein einfaches räumlich begründetes Prinzip für die Entwicklung einer universellen Moral anbietet. In der empirischen Welt physikalischer Körper ließe sich meines Erachtens „Einfachheit" in dem Prinzip der sog. extremalen oder stationären Wirkung[54] wiederfinden. Ich verstehe dieses Prinzip so, dass ein Teilchen im leeren Raum seinen Weg von einem Ort A zu einem anderen Ort B derart zurücklegt, dass sich die Differenz aus Energieabgabe (kinetische Energie) und Energieaufnahme (potentielle Energie), die sich aus den Beschleunigungen

---

54 Vgl. dazu das sog. Hamiltonsche Prinzip.

und Veränderungen der räumlichen Positionen, um von A nach B zu gelangen, ergeben, ausgleicht und null ergibt. Das Teilchen verließe damit seine ruhende räumliche Position nur, wenn es durch die Positionsveränderung Energie aufnehmen würde, und bewegte sich gerade so weit, dass es die aufgenommene Energie wieder, bspw. für die Veränderung seiner räumlichen Lage, abgegeben hätte. Dabei gilt stets, dass das Teilchen zu jedem Zeitpunkt die gesamte Abgabe der aufgenommenen Energie anstrebt und nicht ruht, bevor dieser Zustand erreicht wurde. Insofern lässt sich das Verhalten des Teilchens, die Differenz zwischen aufgenommener und abgegebener Energie zu minimieren, so verstehen, dass es stets die Ausrichtung der Energie erhält.[55] Ein durch Energiezufuhr in Bewegung gesetztes Teilchen würde zu jedem Zeitpunkt versuchen, die aufgenommene Energie vollständig an ein anderes Teilchen abzugeben, um die Ausrichtung der Energie zu erhalten. Wenn es im nächsten Beobachtungszeitpunkt nur einen Teil seiner Bewegungsenergie an ein anderes Teilchen abgeben könnte, strebte es zum unmittelbar nächsten Zeitpunkt diejenige Position im Raum an, wo der größte Teil der Ausrichtung erhalten bliebe. Also entweder die Bewegungsenergie an ein weiteres Teilchen abgeben oder die verbleibende Bewegungsenergie in potentielle Energie abgeben bzw. umwandeln. Eine im Potential „zwischengelagerte" Energie, die der Raumposition des Teilchens

---

55 Dies entspricht in der theoretischen Mechanik der von Hamilton aus der Lagrange-Gleichung mathematisch formulierten Notwendigkeit, dass jedes bewegte Teilchen eine Bewegungsbahn verfolgt, in der die Änderung seiner Wirkung minimal ist:

$$\partial S = 0 = \frac{\vartheta L}{\vartheta x} - \frac{\mathrm{d}}{\mathrm{d}t}\frac{\vartheta L}{\vartheta v}$$

mit der Lagrange-Gleichung $L = E_{kin} - E_{pot}$ und $S = \int L\,dt$.
Es wäre lohnenswert herauszufinden, ob sich das Snelliussche Brechungsgesetz für Licht auch über das Hamiltonsche Prinzip der stationären Wirkung ableiten lässt.

entspricht, erhält es im nächsten Zeitpunkt weiterhin, indem es diese Energie wieder in Bewegung, ein Rückschwingen, umwandelt. Theoretisch bewegte sich so das Teilchen schwingend und stoßend ewig im Raum weiter, die anfängliche Bewegungsenergie würde zu jedem Zeitpunkt entweder vollständig an andere Teilchen abgegeben oder in potentielle Energie umgewandelt. Umgekehrt würde dies theoretisch bedeuten, dass ein im vollständig leeren Raum, d.h. Vakuum, ruhendes Teilchen ewig existierte; ruhend hieße in diesem Fall, dass es keine äußere Energiezufuhr und Verbindung zum Raum, der das Teilchen umgibt, gäbe. Die Materialisierung des Teilchens, seine Masse oder einfach seine Existenz, wären die sich über den Zeitraum nicht ändernde Ausrichtung der Energie. Es gäbe keinen energetischen Austausch mit dem Raum, in dem sich das Teilchen befindet, es wäre ewig und absolut keine Wirkung zu beobachten, ansonsten wäre das Prinzip der stationären Wirkung verletzt.

Tatsächlich ist in der Natur jedoch weder zu beobachten, dass die energetische Ausrichtung eines sich bewegenden Teilchens vollständig erhalten bleibt, noch ist jemals ein im zuvor genannten Sinne ruhendes Teilchen gesichtet worden.[56] Vielleicht existiert ein Teilchen, das ewig und ohne veränderte Wirkung existiert, aber ich behaupte, dass es sich, von gedanklichen Spekulationen abgesehen, jeder empirisch objektivierbaren Beobachtung entzieht. Denn jede Beobachtung eines Teilchens bedingt, dass eine Wirkung vom Teilchen auf den Beobachter abgegeben und damit die Ausrichtung der Energie aufgeteilt wird. Das in einem empirisch erfahrbaren leeren Beobachterraum ruhende Teilchen, d.h., es existierten nur ein Resonanzkörper und ein einzelnes Teilchen, müsste somit einen kleinen Teil der auf seine materielle Existenz, seine Masse,

---

56 Im Sinne antiker metaphysischer Spekulationen ließe sich dieser absolut ruhende Pol als Gott auslegen („der erste unbewegte Beweger"), womit zugleich die Unmöglichkeit seiner Beobachtung mitgeliefert würde.

ausgerichteten Energie auf die Beobachtungswirkung übergehen. Dies bedeutete, dass, wenn energetisch keine Zustandsänderungen außer der stetigen Beobachtung der Existenz eines Teilchens wirkten, dieses Teilchen sich mit fortlaufender Beobachtung abkühlte oder einen Teil seiner Masse verlöre und in letzter Konsequenz den Zustand einer kleinstmöglichen Energiemenge im Raum annähme, d.i. zu einem Lichtquant einfrieren, bevor im letzten Schritt keine Beobachtung mehr möglich wäre und der Beobachtungsraum das Teilchen vollständig absorbiert hätte.[57] Entsprechend auf die – praktisch üblichere – Beobachtung eines durch Energiezufuhr in Bewegung gesetzten Teilchens übertragen, hieße dies, dass aufgrund der Beobachtung des Bewegungsverhaltens, die in Bewegung ausgerichtete Energie des Teilchens nicht vollständig erhalten bliebe, sondern ein Teil der Energie auf die Beobachtung gerichtet wäre. Dieser Teil fehlte dann in der Energieabgabe an ein anderes Teilchen oder in der Umwandlung in potentielle Energie. Mit anderen Worten entfällt zu jedem Zeitpunkt ein Teil der ausgerichteten Energie auf den Beobachtungsraum.[58] Diesen Vorgang deute ich als die unvermeidliche

---

57 Die kleinstmögliche Energiemenge, die in einem Zeitraum beobachtet werden kann, entspricht dem Planck'schen Wirkungsquantum, einer Naturkonstante. Das Wirkungsquantum legt die kleinstmögliche beobachtbare Wirkung überhaupt fest. Aufgrund dessen, dass die Beobachtungswirkung stationär ist, d.h., der Energieabfluss vom Teilchen auf den Beobachtungsraum sich während der Änderung des Energiezustands zeitlich nicht änderte, wäre die Fragestellung interessant, wie die Energie vom Beobachtungsraum aufgenommen wird. Eine Aufnahme der Energiemenge wäre nur gegeben, wenn der Beobachtungsraum sich mit fortlaufender Beobachtung des Teilchens entweder beschleunigte oder in seiner Masse zunähme. Sofern der Energieerhaltungssatz gölte, würde sich die Gesamtenergie des Beobachtungssystems nicht ändern, sodass mit Aufnahme des letzten Lichtquants durch den Beobachtungsraum sich die Gesamtenergie in der Energie des Beobachtungsraums befände.

58 Dies ließe sich in der Lagrange-Gleichung ausdrücken als:
$$L = E_{kin} - E_{pot} + h \text{ mit } h = \frac{E_{dom}}{f},$$

Existenz der Entropie, die die physikalische Dimension der Wirkung [Wirkung = Energie * Zeit] besitzt und sich, wie im Abschnitt zur Entropie und Freiheit beschrieben, in jeder Energieumwandlung beobachten lässt. Ich umschreibe diesen speziellen Vorgang als Wirkung des Beobachtungsraums. Kombiniert mit dem oben genannten natürlichen Prinzip der stationären Wirkung, ergibt dies, dass alle Energien danach streben, ihre „positive" Ausrichtung zu erhalten und die ungerichtete „negative" Wirkung auf den Beobachtungsraum, die Entropieabgabe an ihn, zu minimieren (ich bezeichne dies als Prinzip der „Ausrichtungserhaltung", Erhaltung des „kausalen Potentials" oder in direkter Analogie zum menschlichen Beobachter als Erhaltung des Möglichkeitsraums). Ein energetischer Zustandswechsel fände damit stets in möglichst kurzer Zeit oder in kleinstmöglichem Raum statt. Meiner Ansicht nach stellt dieses Gesetz die materielle „Einfachheit" empirischer Beobachtungen dar und bietet damit eine geeignete Ausgangsbasis für die Entwicklung universal akzeptabler Maßeinheiten und Handlungsmaximen für die

---

wobei E_{dom} versuchsweise die Energie des Beobachtungsraums („dom" für griechisch Raum, „domatio") ausdrücken soll und das Produkt aus dem Planck'schen Wirkungsquantum h und der Frequenz des Beobachtungsraums f ist. Aufgrund dessen, dass E_{dom} während jeder Zustandsänderung der übrigen Energien konstant ist, aber kontinuierlich eine Wirkung der übrigen ausgerichteten Energien aufnimmt und deren Ausrichtung vermindert, schlage ich vor, die Energie des Beobachtungsraums in der Gesamtbilanz der Energien im Gesamtsystem mit negativem Vorzeichen einzuführen: $E_{sys} = E_{kin} + E_{pot} - E_{dom}$ Die zuvor genannte vollständige Absorption der Energie eines Teilchens durch den Beobachtungsraum ließe sich dann ggf. als eine extreme Ausprägung dunkler Energie (Umwandlung in Beschleunigung des Beobachtungsraums) oder dunkler Materie (Umwandlung in Masse des Beobachtungsraums) verstehen bzw. ließe sich aufgrund des Vorzeichens auch „negativ" anstelle „dunkel" sagen. Unklar ist, ob und wie sich diese negative Energie oder negative Materie wieder in positive bzw. „helle" Energie oder Materie umwandelte.

Ausbildung von Beobachtungen. Diese Einfachheit könnte den Anfang ihrer Moralität markieren.

Bezogen auf mein Theorem des Möglichkeitsraums bedeutet dies: So wie jedes Teilchen im Universum stetig einem Verlust seiner Energieausrichtung ausgesetzt ist und danach strebt, seine positive Ausrichtung – sein Potential – zu erhalten, verhält es sich auch mit dem Menschen. Als menschlicher Beobachter ist sein mit ihm verbundenes bioenergetisch ausgerichtetes Potential dem kontinuierlichen Zerfall und Verlust seiner Energieausrichtung ausgesetzt. Er vermag diesem beständigen Zerfall seinen Willen zur Erhaltung, zum Überleben und Wachstum entgegenzusetzen. Sein Möglichkeitsraum nimmt im Laufe seines Lebens stetig ab bzw. ist laufend bedroht, durch unvorhergesehene Ereignisse schnell abzunehmen, und zerfällt schließlich mit Nachlassen der bioenergetischen Ressourcen zum Ende des Lebens auch unwiderruflich. Die Übertragung des Prinzips der Ausrichtungserhaltung auf das menschliche Leben und seine bioenergetischen Zustände würde demnach eine universelle moralische Maßeinheit für die Beurteilung von Handlungen fordern: Eine Handlung ist gut, wenn sie auf die Erweiterung des Möglichkeitsraums – mit anderen Worten auf die Erweiterung der menschlichen Freiheiten – ausgerichtet ist und die Entropiezunahme minimiert; sie ist neutral, wenn sie den Möglichkeitsraum weder vergrößert noch verringert, d.h., die Entropiezunahme weder verlangsamt noch beschleunigt, und schlecht, wenn sie ihn verkleinert und die Entropiezunahme beschleunigt. Der menschliche Verstand wäre demnach stetig und wiederkehrend damit konfrontiert, seine Handlungen und die der anderen vernünftig und kritisch zu überprüfen und zu bewerten, um schließlich über sie moralisch urteilen zu können. Diese Maßeinheit basiert auf universellen materiellen Erfahrungen eines jeden Menschen, nämlich seiner Vergänglichkeit bzw. Endlichkeit sowie der universellen Möglichkeit der psychischen

Akzeptanz und Einwilligung durch jeden Menschen. Die Einwilligung in die Maßeinheit durch einen Menschen erfolgt nicht zu Lasten der Freiheit eines anderen Menschen. Im Gegenteil bedeutet die Einwilligung in diese Maßeinheit, dass gleichermaßen anderen Menschen dasselbe Recht auf Freiheit zusteht und das Kriterium Kants nach der Erfüllung des kategorischen Imperativs erfüllt wäre.

Da weiter oben gezeigt wurde, dass es grundsätzlich unmöglich ist, die Gesamtheit aller Beobachtersysteme zu erfassen, könnte die Abgrenzung der von der Kausalität betroffenen Beobachtersysteme zu den ersten Schritten in der Urteilsbildung bzw. für die Anwendung der Maßeinheit in einem Sachverhalt gehören. Dies umschlösse im Kern die Frage, wie viele Beobachter von der Kausalität betroffen wären, ob sie freiwillig in die Kausalität einwilligen, sie benutzen und bewahrheiten oder nicht; ob diese freiwillige oder fremdbestimmte Teilnahme an der Kausalität sie in anderen Beobachtungsmöglichkeiten einschränkt und ob schließlich die Kausalität auch zusätzlichen Beobachtern offenstünde oder nicht. Letzteres stellt eine Art Grenzbetrachtung dar; es wird untersucht, wie sich die Kausalität verändert, wenn ein zusätzlicher Beobachter hinzugefügt oder um einen Beobachter vermindert wird. Eine Kausalität, die von sehr vielen Beobachtern bewahrheitet wird, wäre nicht unmittelbar gut, denn sie könnte einem Teil ihrer Beobachter Wirkungen gegen deren Willen aufzwingen und in anderen Beobachtungsmöglichkeiten einschränken. Es könnte sich um Populismus, eine Mobilisierung der Massen und die Macht des Faktischen handeln, die schlicht sehr groß und umfassend ist, damit aber nicht notwendigerweise eine gute Kausalität sein muss. Auf der anderen Seite würde ein bloßer Ausschluss von zusätzlichen Beobachtern, bspw. im Rahmen eines Klubs, nicht per se schlecht sein, solange der Klub aus eigenen Mitteln finanziert ist, öffentliche Ressourcen durch den Klub nicht mehr beansprucht werden, als es Nichtmitglieder tun, es Aufnahmekriterien für zusätzliche Mitglieder gibt und die Aktivitäten des Klubs nicht eine Verkleinerung des Möglichkeitsraums von Nichtmitgliedern bewirkt.

In diesem Sinne hieße die moralische A-priori-Forderung an gute Kausaleinheiten, dass sich eine Kausaleinheit und deren Gesetzmäßigkeiten über einen möglichst langen Zeitraum von einer möglichst großen Anzahl von Beobachtern fortlaufend oder wiederholend bewahrheiten ließen und damit existieren würden, ohne ihre Beobachter in ihren Möglichkeitsräumen einzuschränken und für zusätzliche Beobachter offen zu sein. Es deutet sich hier schon an, dass die moralische Beurteilung von Handlungen unter sich stetig wandelnden Rahmenbedingungen erfolgt und sich Urteile in Abhängigkeit von gesellschaftlichen und technologischen Veränderungen auch ändern. Die hier entwickelte Methodologie ermöglicht ein universelles und dauerhaftes Verfahren zur moralischen Beurteilung und Beantwortung der Frage, was der Mensch angesichts seines natürlich begrenzten Möglichkeitsraums tun soll. Der Mensch ließe sich in diesem Zusammenhang als andauernde Wirkung auffassen, die seinen Möglichkeitsraum stetig vernünftig prüft und zur Vergrößerung seiner Möglichkeiten Kausalitäten entwickelt, wiedererzeugt, erhält und wachsen lässt. Schließlich geht es darum, die neutralen und guten Kausaleinheiten zu erkennen, denn nur sie sichern und erweitern menschliche Freiheiten und verlangsamen damit ein Sterben der Kausalität „Mensch".

C. Zusammenfassung

Hauptgegenstände des ersten Abschnitts im Theorieentwurf über die Entwicklung eines Freiheitsverständnisses aus Kausalität sind die Konstruktion und die Verwendung von Kausaleinheiten. Diese basieren auf räumlich erfahrbaren Wahrnehmungen, die je nach

Sachverhalt unter bestimmten Bedingungen im Bewusstsein und mit der Welt verknüpft werden können, um eine vom Konstrukteur intendierte Wirkung hervorzubringen. Ausgangspunkt der Konstruktion ist die bewusste Wahrnehmung, eine Bündelung der Aufmerksamkeit, in der sich die Willensfreiheit als Unterscheidungsakt zwischen der Beobachtung eines Teils von etwas Ganzem ausdrückt. Indem ein Beobachter seine Wahrnehmung auf einen bestimmten Raumteil fokussiert, entscheidet er sich für diese Beobachtung und macht andere Beobachtungen nicht. **Die bewusste Entscheidung für eine Beobachtung manifestiert das handelnde Ich und seinen Willen in der räumlichen Welt. Dabei lassen sich die Wahrnehmungen des Ichs als energetische Umwandlungen bzw. Zustandsänderungen einerseits der räumlichen Umwelt, in der sich das Ich befindet, und andererseits des Bewusstseins des Ichs verstehen. Die räumliche Bedingtheit der Zustandsänderungen öffnet das Ich und seine Manifestation in gewollten Wirkungen für empirische Untersuchungsmethoden. Was der Empirie stets entzogen bleibt, ist der Wille als notwendige Voraussetzung eines bewussten Beobachtungakts. Dies verschiebt den Kant'schen metaphysischen „a priori"-Begriff von „Ich denke" zu „Ich will". Während das Denken als räumlich bedingte Verknüpfung von Beobachtungen der Empirie offensteht und damit grundsätzlich nicht metaphysisch ist, geht der Wille jeder bewussten Beobachtung voran und entzieht sich einer Beobachtung. Er ist der metaphysische Kern des „Ichs", welches a priori Wirkungen in der Welt wollen kann.**

Das Ich umfasst neben seinem metaphysischen Willen auch den beobachteten materiellen Raumteil und den für den Beobachter nicht beobachtbaren eigenen Bewusstseinskörper, innerhalb dessen der Beobachtungsakt wirkt (der „blinde Fleck"). Auf Basis dieses Dreiklangs materialisiert sich das Ich, wird erfahrbar und grenzt damit gegenüber anderen Raumteilen seine Handlungsmöglichkeiten ab. Die Handlungsmöglichkeiten lassen sich in rein gedankliche Träume,

Vorstellungen und Wünsche bis hin zu unmittelbar realisierbaren Absichten sortieren. Dieses Spektrum umreißt die persönlichen Freiheiten und je größer die Anzahl der möglichen und auch realisierbaren Absichten ist, desto größer ist die persönliche Freiheit. Kausalität ermöglicht in diesem Zusammenhang die Verankerung, Erhaltung und Strukturierung von Beobachtungsmöglichkeiten im „Ich", indem die Auswirkungen eines Teils der möglichen Beobachtung a priori erkennbar und so in die Willensbildung zur Entscheidung für oder gegen eine Handlungsmöglichkeit einbezogen werden können. Das Ich kann bei Vorliegen von Kausalität sich aus vielfältigen realisierbaren Handlungsmöglichkeiten für eine davon bewusst entscheiden. Kausalierung erweitert insofern die Materialisierungsmöglichkeiten des Ichs und ermöglicht dessen Objektivierung. Die Objektivität hängt davon ab, wie zuverlässig und regelmäßig Wirkungen in der Welt vom Ich gewollt waren, sind und sein können. Kausalierung ist die geistige Methode zur Objektivierung: Der Beobachter schreibt einer Beobachtung eine Ursachen- und Wirkungsseite zu und verbindet sie in einer Kausaleinheit. Der Wille wird unter gegebenen räumlich-materiellen Bedingungen in eine bewusst erschaffene ursächliche Beobachtung hineingelegt, mit der apriorischen (oder transzendentalen) Absicht, über die ursächliche Beobachtung hinaus eine räumlich erfahrbare Wirkung zu erzielen. Allgemein besteht die Absicht in der Objektivierung darin, dass diese Beobachtung in weiteren Wahrnehmungen wiederholt, der hingelegte Wille erkannt und bewahrheitet wird. Besonders effektiv und effizient lassen sich bewusst erschaffene ursächliche Beobachtungen, der Wille, über Symbole räumlich manifestieren und transzendieren. In weiteren Beobachtungsakten kann das Symbol dann wahrgenommen und auf den darin enthaltenen Willen geschlossen werden. Sofern die Ursache bzw. die Absicht identifiziert wird, die Wahrnehmung des Symbols die a priori gewollte Wirkung entfaltet, ist eine Kausalisierung erfolgreich vorgenommen worden: Ursache führt zu Wirkung. Die zyklisch-rekursive Identifikation der Kausalisierungsabsicht ist im Kern eine Materialisierung und Objektivierung des hineingelegten Willens bzw. im weiteren Sinne des Ichs und notwendiger Teil jeder Kausalität. Die Verhältnisbildung aus unterschiedlichen Beobachtungen bzw. Symbolen begründet ergänzend dazu den Verstand des Ichs. Der Verstand vermag thetische Kausalierungen durch eine Ausdifferenzierung der Symbolik zu formalisieren und in einen gesetzmäßigen Zusammenhang, in eine objektiv erfahrbare Kausaleinheit, zu bringen.

Die Symbolik ist zentrales Bindeglied zwischen verketteten Beobachtungen und öffnet aufgrund ihrer räumlichen Bedingtheit die Kausalierung und die Identifikation des Willens für empirische Überprüfungen in weiteren Beobachtungen. Eine regelmäßig bewahrheitete Kausaleinheit ermöglicht die zuverlässige apriorische Vorhersage einer Wirkung und die Ausrichtung des menschlichen Willens im Raum. Dabei erhält eine Kausaleinheit ihre Bedeutung aus der Einübung und dem Gebrauch von Symbolen im Leben. Die Erfahrung des Sinns ist ein wesentlicher Teil des Lernprozesses für die Benutzung von Kausaleinheiten und die begleitend dazu entwickelte Symbolik sichert eine zuverlässige Identifikation des Willens ab. Diese Absicherung ist für einen zuverlässigen Einsatz notwendig, da den Anwendungsmöglichkeiten von Symbolen zur Herstellung von Kausaleinheiten in der Kommunikation kaum Grenzen gesetzt sind. Sie können effizient unter vielfältigsten Umständen innerhalb von Gruppen, aber auch für die Selbstreflexion einzelner Personen angewandt werden. Symbole als elementare Kausaleinheiten der Kommunikation sind mutmaßlich die Essenz menschlicher Kausaleinheiten und bilden damit die Grundlage aller sich daraus ergebenden Möglichkeiten, einschließlich Kulturen, Wissenschaften und Traditionen. Schließlich lassen sich die modernen naturwissenschaftlichen

Erkenntnisse und die damit einhergehenden neuen materiellen Gestaltungsmöglichkeiten der Lebenswelt, die sich in technologischen Errungenschaften und globalisierten Märkten bzw. im Produkthandel widerspiegeln, als Folgen symbolbasierter Kausalität verstehen. Technische Produkte bzw. Werkzeuge und Instrumente samt Recht und Geld im Allgemeinen können analog zu Symbolen räumlich-materiell fixierter Kausaleinheiten werden.

Erfolgreich konstruierte Kausaleinheiten setzen eine gesetzmäßige „Anleitung" oder „Bedienung" für die Durchführung der Beobachtung einer Wirkung voraus. Diese symbolische Anleitung, die bei Annahme und Einhaltung der Beobachtungsbedingungen in wiederholten Beobachtungen in einer empirischen Bewahrheitung einer Kausalierung resultiert, ist der theoretische Kern der Kausalität und ein Vehikel für die Vergegenständlichung des freien menschlichen Willens. Die Bedingungen beziehen sich einerseits auf die formalen und gesetzmäßigen Regeln der Symbole selbst, die für die Festlegung der eigentlichen Beobachtungsbedingungen benutzt werden sollen. Diese selbstbezogenen Regeln legen fest, wie Symbole für die Unterscheidung von Raumteilen und bereits getätigten Beobachtungen (Erinnerungen) sowie für die Aufstellung von Beobachtungsanweisungen benutzt werden können. Die Eigenregeln schaffen die notwendige Voraussetzung für eine zuverlässige Kommunikation über Beobachtungen, sodass Beobachtungen miteinander zu neuen Kausaleinheiten kombiniert werden können. Klassische Beispiele für Kommunikationsregeln finden sich insbesondere als logische Axiome in Form von sprachlichen Grammatiken sowie Mathematik. Andererseits behandeln die Beobachtungsbedingungen die Festlegung der relevanten räumlich-materiellen Bedingungen, unter welchen ein Beobachtungsakt durchgeführt wird. Dies schließt sowohl die materiellen Eigenschaften der verwendeten Symbole selbst als auch Randbedingungen, unter denen die Beobachtung durchgeführt wird, einschließlich des psychischen Zustands eines Beobachters, ein. Im Fall von mehreren Beobachtern ist eine hinreichend große Gemeinsamkeit von materiellen Erfahrungen notwendig, auf die sich symbolische vermittelte Beobachtungsbedingungen beziehen können und damit das Verständnis und die Annahme der Bedingungen von unterschiedlichen Beobachtern ermöglichen. Gemeinsame materielle Erfahrungen werden damit eine notwendige Voraussetzung für Objektivierungen.

Die Fähigkeit der Selbstobjektivierung bzw. Selbstreflexion eines Beobachters sichert die strukturelle und zuverlässige Verankerung seines handelnden Ichs ab. Ohne Selbstreflexion und Überprüfung seines Wollens kann sich das Ich nicht sicher sein, ob eine erfahrene Wirkung auch tatsächlich gewollt war oder nicht, ob es also selbstbestimmt gehandelt hat oder nicht. Zugleich entspringt der Willensfreiheit des Ichs, unterschiedliche Beobachtungen und Wirkungen wollen zu können, eine Verantwortung für sein Handeln. Eine Person hätte dann ein Interesse daran, sich sozialen Gesetzen, also unpersönlichen Objektivitäten und deren Wirkungen zu unterwerfen, weil sie durch diese Annahme von Einschränkungen, einem empfundenen Freiheitsverlust, eine größere Erweiterung ihres Möglichkeitsraums, sprich Freiheit hinzugewinnt. Die Paradoxie der Kausalität besteht darin, dass Freiheit erst durch die Akzeptanz einschränkender Bedingungen möglich wird. Eine Erweiterung des Möglichkeitsraums wird durch die einwilligende Anerkennung und Anwendung von kausalen Gesetzmäßigkeiten erlangt. Diese Gesetze vergrößern einerseits die objektive Wahrheit der Kausaleinheit und ermöglichen andererseits die Objektivierung des persönlichen Willens. Diese Einwilligung ist die notwendige Voraussetzung für den Übergang von zufälliger subjektiver Wahrnehmung zu selbstbestimmter Persönlichkeit und schließlich zur Erschaffung gesamtgesellschaftlicher Wirklichkeiten. Kausaleinheiten und gemeinsame

Wahrheiten können in Gesellschaften eingesetzt werden, um diese umfassend zu strukturieren, Normen zu setzen und eine große Anzahl von Beobachtern einzubinden. Ungeachtet dessen wandeln sich mit gesellschaftlichen Entwicklungen auch die akzeptierten Kausalitäten bzw. können neue Kausalitäten einen gesellschaftlichen Wandel und neue Möglichkeitsräume erschließen. Sie können auch aufgrund fehlender Einwilligung, Ignoranz oder Vergesslichkeit vergehen, wodurch der Möglichkeitsraum schrumpft. Ebenso zeigt sich, dass sowohl die Objektivierung des eigenen Willens durch Zwang als auch die völlige Abwesenheit von gesellschaftlichen Gesetzmäßigkeiten und die Zulassung persönlicher Willkür zu einer dramatischen Verkleinerung des Möglichkeitsraums führen. So wie die einzelne Person ist auch die Gesellschaft durch die erlangten Freiheiten für einen reflektierten Umgang mit ihren Kausalitäten verantwortlich. Insbesondere die modernen technologischen Errungenschaften zeigen, dass die zunehmende Verwendung technisierter Produkte durch einzelne Personen und Gruppen, aber auch das moderne Geldwesen weitreichende Auswirkungen auf andere Personen, Gruppen und die natürlichen Lebensgrundlagen haben können.

Der zweite Abschnitt der Theorieentwicklung geht auf die neu entstehenden Eigenschaften von erfolgreichen Kausalitätskonstruktionen ein. Kausalitäten existieren, sofern vier Bedingungskategorien als Voraussetzung von Kausalität für einen Sachverhalt nachweislich erfüllt werden: die formelle, materielle und psychische Bedingungskategorien sowie deren Wiederholung. Die Inhalte der Bedingungskategorien beziehen sich auf (i) formell: die Regeln über Kombinationsmöglichkeiten von Raumteilen innerhalb eines Beobachtersystems, (ii) materiell: die räumliche Abgrenzung des Beobachtersystems und die materiell-körperlichen Eigenschaften der Raumteile innerhalb des Beobachtersystems, (iii) psychisch: den geistigen Zustand des Beobachters innerhalb des Beobachtungssystems und (iv) die wiederholte Beobachtung einer Wirkung (Bewahrheitung) bei Vorliegen einer spezifischen Kombination der inhaltlichen Elemente der vorgenannten drei Bedingungskategorien. Die Existenz der ersten drei Bedingungskategorien ist für die Konstruktion von Kausalität notwendig, aber nicht hinreichend, da ihr Inhalt unbestimmt ist. Erst die inhaltliche Ausgestaltung der Bedingungskategorien für einen konkreten Sachverhalt auf ein hinreichendes Minimum von Beobachtungsbedingungen ermöglicht Kausalität. Die Sicherheit und Zuverlässigkeit, d.h. Wiederholbarkeit, einer Kausalität erhöhen sich, wenn die inhaltlichen Bedingungen der Kategorien für die Beobachtung eines Sachverhalts minimiert sowie als notwendig und hinreichend festgelegt werden. Am Beispiel der Mathematik wird gezeigt, dass auch bei der Reduktion der inhaltlichen Ausgestaltung in den materiellen und psychischen Bedingungskategorien auf ein Minimum, die verbleibenden formal-logischen Rechenregeln zu einem rasanten Wachstum des (mathematischen) Möglichkeitsraums, zu komplexen Kombinationsmöglichkeiten führen. Ein notwendiger Ursachenpfad lässt sich aufgrund der hinreichenden Bedingung für die inhaltliche Ausgestaltung der Kategorien bei komplexen Kausalitäten dann nicht mehr feststellen und führt zu einer Verdunkelung ihrer Ursachen. Ungeachtet dessen ermöglicht die Auswertung der hinreichenden Bedingungen sowie die Wiederholung eines Sachverhalts die Feststellung, ob es sich um eine Kausalität handelt oder nicht und welches die entscheidenden Konstruktionsbedingungen sind, was insbesondere angesichts der modernen komplexen Lebenswelten eine wichtige Voraussetzung für aussagekräftige Analysen ist.

Komplexität bedeutet im Zusammenhang von Kausalität die Verbindung vieler unterschiedlicher Raumteile in einer einzelnen Kausaleinheit und dass sich ungeachtet der vielfältigen Elemente dennoch die intendierte spezifische Wirkung ergibt. Die Bewahrheitung einer

einzelnen Kausaleinheit hängt demnach von einer Vielzahl von Bedingungen in jeder der Bedingungskategorien ab. Dabei könnten die
unterschiedlichen Elemente auch selbst (einfachere) Kausaleinheiten sein und die Kombination der diversen Elemente ist auf übergeordneter Ebene auf eine weitere – komplexe – Wirkung ausgerichtet.
Das relevante Kriterium für Komplexität sind die Kombination und die
Ausrichtung vieler Unterschiede auf eine Wirkung und damit die geringere Wahrscheinlichkeit für eine zuverlässige Wiederholung ihrer
jeweiligen Bestandteile in weiteren Beobachtungen. In diesem Sinne
bedeutet Komplexität eine Zunahme der Vielfalt von unterschiedlichen Raumteilen, eine Diversität an Beobachtungen, Wirkungen, unbeobachteten (Neben-)Wirkungen, räumlichen Kombinationen und
Verknüpfungen innerhalb eines Systems. Komplexe Kausalitäten
sind insofern zerbrechlicher. Insbesondere die modernen technologischen Entwicklungen führten zu einem rasanten Zuwachs der
materiell unterscheidbaren Raumteile und brachten eine Reihe von
neuen sozialen Unterscheidungsmöglichkeiten mit sich. Komplexität, Diversität und die Zunahme an vielfältigen Unterschieden bestimmen das moderne Zeitgefühl, was aber nicht mit einer automa-
tischen Vergrößerung des Möglichkeitsraums zu verwechseln ist,
da diese auf einem Zuwachs an verfügbaren Kausalitäten basiert.
Komplexität erschafft zunächst nur eine Vielfalt an unterschiedlichen
Raumteilen, ein Reservoir an Unterscheidungen, die von Beobachtern in neue Kausalierungen integriert werden können. Insbesondere Gesellschaften und sprachlich-kulturell abgegrenzte Räume
sind grundsätzlich komplex, da sie nicht universell, sondern spezifisch und gegenüber anderen sozialen Räumen durch ihre Anders-
artigkeit verschieden sind. Demgegenüber bieten technisch-natur-
wissenschaftliche Zusammenhänge ein universelles Wirkpotential.
Unterschiedliche Raumteile oder Kausaleinheiten können jedoch
nicht in beliebigen Mengen und Komplexität miteinander kombiniert

und in neue Kausalzusammenhänge gebracht werden, da es auch
für technisch-materielle Zusammenhänge materiell-physikalische
Grenzbereiche gibt, in denen der Beobachtungsgegenstand nicht
mehr eindeutig zu identifizieren ist und damit die Kausalitätskonstruktion Grenzen kennt. Ungeachtet dessen setzt eine willentliche
Beeinflussung und Analyse von Komplexität die Reduktion eines
Sachverhalts in einfache Elemente und Konstruktionsbedingungen,
die zusammengenommen auf ein übergeordnetes Ziel ausgerichtet
werden können, voraus.

Kausalität ist insofern eine geistige Methode zur Erschließung
von Handlungsmöglichkeiten in der Welt und ermöglicht das Wachstum des Beobachtersystems „Mensch". Dabei ordnet Kausalität notwendigerweise die Erfahrungen entlang eines „Zeitpfeils", der das
Fortschreiten in die Zukunft und Rückblicke in die Vergangenheit
suggeriert. Dieses Phänomen einer illusionären zeitlichen Reihung
stimmt mit physikalischen Erkenntnissen überein, dass alle natürlichen Vorgänge innerhalb des Bezugssystems „unser Universum"
nur in eine Richtung ablaufen: nämlich in Richtung einer Zunahme
der Entropie. Die unaufhaltsame Zunahme der Entropie stellt den
physikalischen Zeitpfeil, den natürlichen Zerfall, dar. Aus Sicht eines
Beobachters und seiner Welt bedeutet eine Zunahme der Entropie,
dass sein Möglichkeitsraum – seine a priori unterscheidbaren und
willentlich realisierbaren Handlungsmöglichkeiten, sprich seine Freiheit – über seine Lebenszeit kontinuierlich abnimmt. Grundsätzlich
sind auch Phasen möglich, in denen sich die Entropie nicht verändert und damit der Möglichkeitsraum konstant bleibt. Präzise betrachtet, bedeutet dies nicht, dass die Handlungsmöglichkeiten notwendigerweise identisch bleiben, sondern auch eine Verschiebung
der Handlungsspielräume ist möglich. Eine Abnahme der Entropie
zur Vergrößerung seines Möglichkeitsraums ist grundsätzlich auch
möglich, aber von den betrachteten Systemgrenzen abhängig. Das

physikalische Konzept der Entropie besagt nämlich, dass innerhalb geschlossener Systeme, hier bspw. der Wahrnehmungshorizont des Beobachters oder aufs Ganze gesehen „unser Universum", die Entropie nicht abnehmen kann. Insofern bedingt eine Abnahme der Entropie und damit die Zunahme des Möglichkeitsraums für Handlungen die Öffnung des Systems. Für die Fragen danach, wie Freiheitsgewinne möglich werden, sind daher eine Untersuchung und die Überwindung der Systemgrenzen von entscheidender Bedeutung, um mehr über das Wachstum und die Grenzen der Freiheit erkennen zu können.

Wie beschrieben ermöglichen Kausaleinheiten es einem Beobachter, Wirkungen innerhalb seines Beobachtersystems vorherzusagen, Wissen über die Beschaffenheiten seiner jeweiligen Welt zu akkumulieren und sich zusätzliche Handlungsmöglichkeiten, Freiheiten, zu verschaffen. Die für die Konstruktion von Kausalitäten notwendige Objektivierung von Beobachtungen versetzt den Beobachter darüber hinaus in die Lage, Kausalitätskonstruktionen gemeinsam mit anderen Beobachtern zu betreiben und das Wissen zu teilen. Damit öffnet sich das einzelne Beobachtersystem für weitere Beobachter und erlaubt anhand kommunikativer Kausaleinheiten, d.h. Sprachen, Verbindungen über eine große Anzahl von Beobachtersystemen. Wissen über Kausalitäten und damit potentielle Zuwächse von Handlungsmöglichkeiten können so über eine große Zahl von Beobachtersystemen weitergegeben werden. Die Systemgrenzen lassen sich in Bezug auf die Anwendung einer Kausalität öffnen, verschieben und vergrößern, sodass sich die Entropiezunahme in verbundenen Beobachtersystemen deutlich verlangsamt. Auf Grundlage der Erkenntnis, dass jede Wahrnehmung einen gewissen Energieumsatz und damit im Beobachtersystem eine Entropiezunahme bedingt, wird deutlich, dass Kausalitäten eine effiziente Methode zur Herstellung zusätzlicher gemeinsamer Freiheiten sind: Die Konstruktion einer Kausalität mag innerhalb eines einzelnen Beobachtersystems erhebliche Zuwächse an Entropie bedeuten und im Zweifelsfall das gesamte Leben eines Beobachters aufzehren. Die kommunikative Übertragung und Vermittlung der Kausalität in die Wahrnehmungssysteme weiterer Beobachter bewirken demgegenüber in deren Welten, bzw. auf die insgesamt verbundenen Beobachtersysteme, nur eine kleine Entropiezunahme, wohingegen die Kausalität a priori überproportional viele Handlungsmöglichkeiten für alle Beobachter ermöglicht und die Freiheiten aller vergrößert. Allerdings bleiben auch verbundene Beobachtersysteme stets endlich und unterliegen einer Zunahme der Entropie durch Beobachtungen, sodass es für Entropieänderungen nie grenzenloses Wachstum der Freiheiten, eine Allwissenheit über alle Beobachtersysteme oder ähnliche Zustände geben kann. Auch können Ignoranz, Ablehnung oder Vergessen von Kausalitäten zur Abnahme von Wahrheiten, des Möglichkeitsraums und der Freiheiten führen. Dies gilt insbesondere für universelle Kausaleinheiten, die unabhängig von lokalen oder kulturellen Bedingungen wirken können. Einerseits ist die kausale Erschließung des Möglichkeitsraums notwendige Voraussetzung für die Erkundung der Systemgrenzen und entscheidend für jegliches Wachstum von Freiheiten und aufgeklärtes Handeln in der Welt, andererseits setzt die Entropie dem Wissen über die Welt und den Freiheiten eine natürliche Grenze. Zu guter Letzt können sich auch die Inhalte der Bedingungskategorien bestehender Kausalitäten ändern und bisherige Kausalitäten entwerten, sodass sie als Handlungsmöglichkeiten ausscheiden. Es stellt sich damit die Frage, wie innerhalb begrenzter Beobachtungssysteme mit endlichen Handlungsmöglichkeiten und keiner Aussicht auf die Erschließung absoluter Freiheit umzugehen sei.

Die Frage danach, welche Handlungen ein Beobachter mit seiner begrenzten Lebensenergie und Möglichkeiten ausführen soll, betreffen den Kern jeder Kausalität, nämlich den menschlichen Verstand und seine Aufgabe, verschiedene Beobachtungen zueinander ins Verhältnis zu setzen (die „Ratio" oder das „Rational"). Der Verstand ist aufgrund seiner Begrenztheit genötigt, ein Maß und eine Moral für seine endlichen Handlungsmöglichkeiten zu entwickeln, denn ohne sie wäre ihre Beurteilung unmöglich. Der Vorgang einer Messung lässt sich als Ausbildung eines dritten Raumteils verstehen, in dem zwei andere Raumteile zueinander ins Verhältnis gesetzt werden; die Ausbildung einer vernünftigen Metaebene für die Wahrnehmung einer moralischen Wirkung, die die Einteilung von Erfahrungen in gute, neutrale oder schlechte ermöglicht. Diese moralische Wertung erfolgt zunächst auf persönlich-emotionaler Ebene: Eine Erfahrung bewirkt ein glückliches, gleichgültiges oder schmerzliches Empfinden und wird entsprechend als gut, neutral oder schlecht bewertet. Diese Erfahrungen können wiederum untereinander ansatzweise in einer persönlichen Ethik miteinander verglichen werden, sodass Aussagen darüber, ob eine Erfahrung besser als eine andere war, möglich werden. Die Überschreitung der notwendigerweise strikt subjektiven und rückwärtsgewandten Ausrichtung, hinüber zu objektiven moralischen A-priori-Urteilen über Handlungen, erfolgt über die Entwicklung von „Maßeinheiten" analog zu Kausaleinheiten. Als wertende Kausaleinheiten benötigten sie ein Maß, um die Relation und Wertung für die Beobachtung durch weitere Personen zu öffnen und objektiv wirksam zu machen, sie wiederholbar und zuverlässig zu verkörpern. Maßeinheiten müssen – wie „normale" Kausaleinheiten – in Beobachtungen bewahrheitet werden und hängen in ihrer Verbreitung und Anwendung von der Einwilligung anderer Beobachter ab. Die Besonderheit anerkannter Maßeinheiten besteht dann darin, dass sie mehreren Beobachtern eine schnelle und effiziente Verständigung darüber ermöglichen, was der Wert bestimmter Beobachtungen sei. Solange eine Maßeinheit jedoch nicht auf die Bewertung universeller Verhältnisse ausgerichtet ist, kann sie keine universellen Urteile ermöglichen und bleibt in ihrer Wirkung stets subjektiv, lokal oder spezifisch für eine einzelne Person oder homogene Gruppe von Beobachtern. Universelle Maßeinheiten, die die Bedingungskategorien, von der jede Kausalität abhängt, universell und einfach erfüllen können, entspringen notwendigerweise der räumlichen Erfahrung der Welt, die alle Formen und Zustände von Beobachtersystemen, also die Inhalte der übrigen Bedingungskategorien, in sich enthält. Sie müssten aber auch eine formale Einfachheit oder Abstraktion aufweisen, die eine Verwendung in komplexeren Formalzusammenhängen – idealerweise allen Menschen – ermöglicht. In der Beobachtung physikalischer Körper findet sich „Einfachheit" in dem Prinzip der sog. extremalen oder stationären Wirkung. Dieses lässt sich als energetisches Prinzip der Ausrichtungserhaltung bzw. als Erhaltung des kausalen Potentials eines Teilchens verstehen und direkt auf den Möglichkeitsraum von Beobachtern beziehen. So wie jedes Teilchen im Universum stetig einem Verlust seiner Energieausrichtung, seinem energetischen Potential, ausgesetzt ist und danach strebt, dieses, sein kausales Wirkpotential, zu erhalten, indem es bspw. die Veränderung seiner Bewegungsenergie in eine Veränderung seiner Lage im Raum umwandelt, sind auch der menschliche Beobachter und sein Möglichkeitsraum im Laufe seines Lebens dem kontinuierlichen Zerfall und unvermeidlichen Tod ausgesetzt. Während auf emotional-persönlicher Ebene vielfältige moralische Urteile über gute, neutrale und schlechte Taten möglich sind, stellt sich die Frage, wie mehrere Beobachter ihre insgesamt begrenzten Handlungsmöglichkeiten gemeinsam (objektiv) bewerten können. Aus dieser Frage leitet sich die universelle Maßeinheit ab, dass diejenigen Handlungen eine gute Wirkung erzielen, die den Möglichkeitsraum erweitern und die Entropiezunahme im Beobachtungssystem, ihren Zerfall, verlangsamen. Kausalitäten wären demnach grundsätzlich erstrebenswert, da sie das Potential haben,

Möglichkeitsräume zu erweitern. Handlungen, die den Möglichkeitsraum erhalten, also die Entropiezunahme weder verlangsamen noch beschleunigen, wären neutral und zuletzt solche, die ihn verkleinern und die Entropiezunahme beschleunigen, schlecht. Diese materiell begründete Moral würde auch eine universelle Erfüllung der notwendigen psychischen Bedingungskategorie, die freiwillige Anwendung der Maßeinheit, ermöglichen, weil jeder Mensch, der diese Maßeinheit für sich akzeptiert, zugleich jedem anderen Menschen dasselbe Recht einräumt und dies nicht im Widerspruch zueinandersteht (Erfüllung des Kant'schen kategorischen Imperativs). Die Festnahme und der Freiheitsentzug eines Menschen auf Basis dieser moralischen Maßeinheit würde eine eindeutige (kausale) Begründung und Verantwortungszuschreibung herausfordern, da die Festsetzung den Menschen massiv in seinen Handlungsmöglichkeiten einschränkte. Der menschliche Verstand ist demnach stetig und wiederkehrend damit konfrontiert, unterschiedliche Handlungen sowie Kausaleinheiten und weitere Konstruktionen aus Raumteilen, inkl. Verhältnisbildungen und Maßeinheiten, vernünftig und kritisch zu überprüfen und zu bewerten, um schließlich objektiv über sie moralisch urteilen zu können. Dabei zeigt sich, dass objektive, auf einer Metaebene getroffenen, moralische Urteile notwendigerweise nur auf Kausalitäten angewandt werden können, da sie einerseits a priori zuverlässiges Wissen über die erwartbaren Auswirkungen der zu beurteilenden Handlung und andererseits eine Maßeinheit für die Wertungszuschreibung voraussetzen. Objektive moralische Urteile über neue oder singuläre Handlungen sind, solange die daraus folgenden Auswirkungen keine kausale Gesetzmäßigkeit aufweisen, nicht möglich. Übertragen auf den menschlichen Beobachter und seinen natürlich begrenzten Möglichkeitsraum leitet sich daraus die universelle moralische Mission ab, dass der Mensch die neutralen und guten Kausaleinheiten erkennen und dauerhaft bewahrheiten sollte, denn nur diese sichern und erweitern menschliche Freiheiten und verlangsamen oder verhindern gar das Sterben des Menschen als eine bis heute andauernde Wirkung.

III. Fazit und Ausblick

Aus der vorliegenden Untersuchung ergibt sich, dass menschliche Freiheiten durch Kausalität, d.i. die Objektivierung von Wirkungen, entstehen können. Damit ist Freiheit stets materiell-räumlich bedingt und auf dieser Basis gedanklich zu entwickeln: Ausgangspunkt jeder Freiheit ist die Fähigkeit des Menschen, sich für die Beobachtung eines Ausschnitts aus den ihm insgesamt möglichen Wahrnehmungen entscheiden zu können. Dieser Willensfreiheit, eine bestimmte Wahrnehmung wollen zu können, sind prinzipiell keine Grenzen, außer dem menschlichen Wahrnehmungshorizont, d.h. seinen Sinnen, Emotionen, Vorstellungskräften und Fantasien, gesetzt. Die tatsächliche Durchführung einer gewollten Beobachtung oder Handlung sieht sich jedoch unmittelbar mit den herrschenden materiellen Umständen jeder Existenz konfrontiert. Angefangen bei den grundlegenden natürlich-physikalischen Bedingungen bis hin zu den sozioökonomischen Umständen der Gesellschaft, in der sich ein einzelner Mensch befindet, schränken diese Umstände jeden Menschen in der räumlichen Verwirklichung seines Willens und der Verwendung seiner dafür verfügbaren Ressourcen ein. Erst die Annahme und Akzeptanz dieser Einschränkungen führen auf den Weg zur Verwirklichung menschlicher Freiheiten. Gesetzmäßige Einschränkungen ermöglichen es dem Menschen, in der Welt bestimmte Wirkungen absichtlich – d.h. a priori gewollt bzw. kausal – herbeiführen zu können, und begründen menschliche Freiheiten. Kausalitäten sind vom Menschen erschaffene abstrakte Anleitungen (Gesetzmäßigkeiten) zur Durchführung einer Handlung, die die Beobachtung einer bestimmten Wirkung ermöglichen. Dieser Vorgang ermöglicht die Wiederholung der Wirkung durch verschiedene Menschen und führt so zur Objektivierung von Wirkungen. Es entsteht eine Unabhängigkeit von der Subjektivität des Beobachters. Notwendige Ausgangsbasis für institutionalisierte Kausalitäten sind symbolisch-sprachliche Handlungsanleitungen zur zwischenmenschlichen und überindividuellen Verständigung über das transzendental Gewollte. Nur die An- oder Übernahme des transzendentalen Willens ermöglicht es Menschen, Gruppen und ganzen Gesellschaften, sich auf die Verwirklichung gemeinsamer Absichten zu konzentrieren. So können sie gemeinsam Welten und Freiheiten konstruieren, die kein Mensch einzeln und allein je erschaffen könnte. In Summe entsteht für jedes Individuum durch die Annahme von Handlungsanleitungen bzw. Kausalitäten Freiheit, weil im Rahmen der Kausalitäten die Einschränkungen seiner persönlichen Willkür durch die Erschließung zusätzlicher Handlungsmöglichkeiten, die er a priori selbstbestimmt zu planen und zu realisieren vermag, überkompensiert werden: Netto schafft die individuelle Akzeptanz sozial- oder physikalisch-kausaler Einschränkungen für den Beobachter Freiheitsgewinne.

Der Mensch ist fähig, Kausalitäten prinzipiell für alles Wahrnehmbare zu entwickeln: seine eigene materielle Natur, seine biologisch-körperlichen sowie psychologischen Eigenschaften, die ihn umgebende materielle Natur, ihre physikalisch-chemischen Vorgänge, Rohstoffe, Gegenstände, Produkte usw. usf. oder auch für abstrakte gesellschaftliche sozioökonomische Wirklichkeiten, Sprachen, Status, Rechte, Geld, Schuld, Identität usw. usf. Während Naturgesetze prinzipiell durch wiederholte Experimente und die kontrollierte Veränderung einzelner Beobachtungsbedingungen der kausalen Handlungsanleitung durch einen Experimentator entdeckt und anschließend manipuliert werden können, sieht die sozioökonomische Realität anders aus: Der Mensch erlegt sich die meisten sozioökonomischen Wirklichkeiten und Gesetze im Rahmen des gesellschaftlichen Lebens, welches – in Analogie zur Entdeckung von Naturgesetzen – grundsätzlich keine wiederholten

Experimente mit kontrollierter Veränderung der Handlungsanleitung durch einen Experimentator zulässt, selbst auf. Die Selbstauferlegung sozioökonomischer Wirklichkeiten und Gesetze lässt sich als Versuch einer Bändigung, Ausrichtung oder Selbstregulierung des menschlich-gesellschaftlichen Wirkens verstehen. Die großen Herausforderungen in der objektiven Beurteilung sozioökonomischer Sachverhalte bestehen in ihrer Komplexität und der prinzipiellen Unwiederholbarkeit der beobachteten Zustände. Beide Faktoren erschweren die Etablierung gesellschaftlicher Kausalitäten erheblich. Zudem ist die Existenz kausaler Gesetzmäßigkeit notwendige Voraussetzung eines jeden objektiven Urteils: Der wertende Vergleich unterschiedlicher Wirkungen benötigt ein gemeinsames Maß, das zuverlässig und vorhersehbar Bewertungen ermöglicht, sodass unterschiedliche Beobachter zu denselben Ergebnissen gelangen können. So wie eine Waage die vergleichende Bewertung des Gewichts unterschiedlichster Gegenstände möglich macht. Ohne Kausalität des Maßes ist kein objektives Urteil möglich. Die vernünftige Beurteilung sozioökonomischer Vorgänge in Gesellschaften setzt also einerseits eine Kausalität des betrachteten Sachverhalts sowie andererseits ein kausales Maß voraus. Andernfalls sind keine vernünftigen Urteile über einen Sachverhalt möglich, sondern jedes Urteil ist eine auf Unwissen und willkürlichen Maßstäben basierende Vorverurteilung. Bezogen auf die Entstehung von Freiheit durch Kausalität, bedeutet dies, dass ohne ein geeignetes objektives Maß zur Beurteilung gesellschaftlicher Auswirkungen ständige Kollisionen und Konflikte aufgrund individueller Handlungen drohen. Insbesondere in offenen Gesellschaften würde jedermann sich auf seine Freiheiten und verwendeten Kausalitäten berufen, ohne dass ein Urteil über die gesellschaftliche Wertigkeit unterschiedlicher Freiheiten und Kausalitäten sowie Grenzziehungen möglich wären.

Die Fragen nach den Grenzen der Freiheit und wie Urteile über Freiheitsveränderungen möglich werden, beantwortet die entwickelte Theorie mit der Übertragung physikalischer Konzepte auf die Fragestellungen. Die Grundlage des Maßes für die Beurteilung von Freiheitsveränderungen ist die existentialistische Einsicht in die für jeden Menschen unvermeidliche zeitliche Abnahme und definitive Endlichkeit seiner persönlichen Handlungsmöglichkeiten durch Krankheit, Verfall und Tod. Der Mensch kann aufgrund der endlichen Begrenztheit seines Lebens seine Freiheiten nur erhalten oder erweitern, indem er mit seinem verbleibenden Leben zusätzliche Handlungsmöglichkeiten erschließt. In Form von Wissenstransfer über Kausalitäten vermag er auch die Grenzen seines eigenen Lebens zu überschreiten und anderen Menschen (zusätzliche) Handlungsmöglichkeiten zu verschaffen. Die Bewertung seiner individuellen Handlungen erfolgt danach, inwieweit sie für sein verbleibendes Leben zusätzliche Handlungsmöglichkeiten erschließen, ohne zugleich die Freiheiten anderer Personen einzuschränken. Gute Handlungen sind dann diejenigen, die die Freiheiten eines Menschen *und* der Gesellschaft vergrößern. Die fortlaufende moralische Verantwortung eines jeden Menschen und ganzer Gesellschaften bezieht sich dann darauf, Kausalitäten zu erkennen und diejenigen Handlungsanleitungen beizubehalten oder weiterzuentwickeln und für gut zu befinden, welche die Freiheiten aller Gesellschaftsmitglieder oder zumindest von Mehrheiten erweitern. Kausalitäten, die Freiheiten beschneiden, sind zu verändern oder abzuschaffen, kurzum als schlecht einzustufen. Es mag auch neutrale Kausalitäten geben, die jeden Menschen weder besonders einschränken noch Freiheiten verschaffen oder in einigen Handlungen einschränken, dafür aber andere erschließen. Kern dieser Moralität ist die Erhaltung und Erweiterung der individuellen *und* gesellschaftlichen Handlungsmöglichkeiten. Sie zielt auf die gesellschaftliche Konfliktbewältigung sowie das grundsätzliche

Überleben des Menschen ab. Anhand des physikalisch begründeten Maßes ist eine theoretisch-universelle Grundlage für die Beurteilung von Auswirkungen jeglicher Vorgänge auf die individuelle und gesellschaftliche Freiheit möglich. Unabhängig davon bleibt die Frage offen, ob der bewertete Sachverhalt eine zuverlässige Kausalität ist oder nicht und ob die Auswirkung zukünftig zielgerichtet vermieden oder verändert werden kann. Dieser Aspekt kann nur anhand spezifischer Sachverhalte erörtert werden und ist nicht Teil der vorgestellten Theorie. Sie bietet aber für die Beurteilung eines Sachverhalts ein methodologisches Instrumentarium an Fragestellungen zur zielgerichteten Aufdeckung von Kausalitäten: Was ist die Absicht des Handelnden und die beobachtete Auswirkung der Handlung? Lässt sich die Wirkung wiederholt beobachten? Wie spezifisch bedingen die Umstände eine Wiederholung der Wirkung?

Auf die in der Einleitung genannten Gedanken angewendet, bedeutet dieser Theorieentwurf, dass grundsätzlich jeder Mensch Fragen nach seiner persönlichen Identität, einschließlich seiner Ethnie oder sonstigen sozialen Zugehörigkeit, seines Geschlechts und sexuellen Orientierung usw. usf., frei und selbstbestimmt beantworten kann. Ob und inwieweit diese Selbstbeschreibung über die Subjektivität hinaus eine objektive Wahrheit wird, hängt jedoch von den übrigen, zuhörenden Menschen ab. Sie können der Selbstbeschreibung zustimmen und sie bewahrheiten, sie ablehnen und zurückweisen oder eine andere Zuschreibung in den Raum stellen. Die Ausbildungen komplexer gesellschaftlicher Kausalitäten über lange Zeiträume, Genealogien, Geschichtsschreibung über epochale Entwicklungen und Zeitalter bis hin zum Anfang aller Welten sind demnach ganz überwiegend subjektive oder gesellschaftliche Erzählungen, die akausal sind. Es gilt die grundsätzliche Vermutung, dass sie meist Ergebnis einmaliger Umstände und Bedingungen der Natur und Gesellschaften sind. Für die beobachteten geschichtlichen

Entwicklungen und Wirkungen fehlt das Kriterium der Wiederholbarkeit, um sie als kausal qualifizieren zu können. Der Unmöglichkeit einer objektiven Geschichtsschreibung und Identitätsbildung entgegengesetzt, leben Erzählungen von den Absichten und dem Ausdruck des persönlichen Empfindens und Erlebens des Erzählers. Insofern ist tatsächlich jeder Mensch und jede Gesellschaft im Wesentlichen seines bzw. ihres eigenen Glückes Schmied, kann jeder selbstbestimmte Ursache und frei gewählter Anfangspunkt von Wirkungen sein: Der Mensch ist frei seine eigene Geschichte und Identität zu erfinden. Die Grenzen dieser Freiheit verlaufen neben den herrschenden natürlich-materiellen Bedingungen entlang der jeweils gesellschaftlich festgelegten Objektivitäten, Normen, Traditionen und gemeinschaftlichen Vorstellungen, hängen also von allen Mitgliedern der Gesellschaft ab. Diese Grenzen sind nicht starr, sondern unterliegen dem Einfluss aller Gesellschaftsmitglieder und ihren zustimmenden, ablehnenden oder alternativen Handlungen. Jedem ist es möglich, einen Beitrag zur Verschiebung der objektiven Grenzen bzw. Freiheiten zu leisten, wenn auch die gesellschaftliche Tragweite und Wahrnehmung, sprich Wirkung individueller Handlungen sehr unterschiedlich ausfallen mag. Damit ist der kommunikativ-gesellschaftliche Rahmen umrissen, innerhalb dessen objektiv anerkannte und regelmäßig zulässige Antworten zu persönlichen und gesellschaftlichen Identitäten, also sozioökonomische Kausalitäten vom Menschen selbst entwickelt und bestimmt werden. Die Frage, wer mit welcher Absicht die naturgesetzlichen Einschränkungen festgelegt hat, also das Universum, in dem wir leben, erschaffen hat, bleibt für Menschen notwendigerweise unbeobachtbar und damit unbeantwortet. Ungeachtet dessen ist die entworfene Theorie offen für jede religiöse Vorstellung und Spekulation über nichtmenschliche Gottheiten oder Mächte, die das Universum samt ihrer Ordnung erschaffen haben (könnten). Damit tritt eine klare Abgrenzung von

Wissen und Glauben hervor, die keine gegenseitige Ausschließung bedeutet.

Vor diesen Hintergründen bleibt jede Beurteilung von Personen notwendigerweise auf die Auswirkungen ihrer Handlungen beschränkt. Aufgrund der unwiederholbaren Existenz eines jeden Menschen und seiner individuellen Einzigartigkeit ist stets nur die Beurteilung seiner Handlungen möglich. Dies gilt auch für Heilige, Autokraten oder Tyrannen. Insbesondere Rechte, Normen und Traditionen, die wiederholt und regelmäßig auf ganze Gesellschaften wirken, eignen sich besonders als Untersuchungsgegenstand für die entwickelte Methodologie über die Urteilsbildung zu den Auswirkungen auf Freiheiten. So stehen diese soziopolitischen Kausalitäten grundsätzlich im Verdacht, als schlecht und nachteilig beurteilt werden zu müssen, wenn sie bestimmte Teile der Gesellschaft unterdrücken, ausschließen oder gar töten. Gleiches gilt für die absichtliche, erzwungene Unterwerfung und Instrumentalisierung von Bevölkerungen, die zum Entzug selbstbestimmter Handlungen führen, oder die andauernde ökonomische Ausbeutung von Ressourcen, die einzelnen Profitinteressen auf Kosten der Allgemeinheit dient. Erschwert wird eine Beurteilung unterschiedlicher Sachverhalte durch zeitgleiche Auswirkungen auf die Handlungsfreiheiten mehrerer Personen bzw. Gesellschaften, die Verhältnisabwägungen notwendig machen: Entstehen insgesamt mehr Handlungsfreiheiten für die Mitglieder der Gesellschaft, wenn durch die Einführung eines Mindestlohns die unternehmerische Freiheit zugunsten höherer Löhne der Arbeiter eingeschränkt wird? Werden mehr Freiheiten erschaffen, indem im Lebensmittelhandel nur noch regionale und ökologisch nachhaltige Produkte zu höheren Preisen erlaubt werden? Zumindest ermöglicht die Orientierung an der in dieser Untersuchung entwickelten universell-existentialistischen Freiheitsmoral ein für alle Mitglieder der Gesellschaft akzeptables Ziel und schafft den Rahmen zur Ausbildung gemeinsam anerkannter Verfahren zur Bestimmung geeigneter Maßnahmen und gesellschaftlicher Institutionen, was im Kern schon einen Freiheitsgewinn darstellen kann.

Aufs Ganze gesehen, verbindet die dargelegte Theorie, gleichsam einem Scharnier, die materiell wahrnehmbare Welt mit dem freien Geist des Menschen. Sie zeigt dem Menschen einen universellen Weg für seine freiheitliche Entwicklung auf. Während grundsätzlich jeder Mensch in seiner individuellen Selbstverwirklichung frei ist, stößt diese Freiheit in der materiellen Beschaffenheit der Welt und den Vorstellungen seiner Gesellschaft über zulässige Selbstverwirklichungen an ihre Grenzen. Die individuellen transzendentalen Vorstellungen und Wünsche, die in Gesellschaften, Kulturen und Traditionen kondensieren und kristallisieren, kollidieren im Rahmen der gegenwärtig fortschreitenden Globalisierung in bis dato nie dokumentiertem Umfang. Angesichts der gewonnenen Einsichten ist der Mensch aufgefordert, die Welt nach Gesetzmäßigkeiten zu untersuchen und fortlaufend seine Selbstverwirklichung anhand anerkannter Handlungsanleitungen zu entwickeln, kurz: befreiende Kausalitäten zu institutionalisieren. Gerade die globalen Konfrontationen von Vorstellungen und Wünschen machen universell akzeptable Haltungen und Wertmaßstäbe erforderlich, sofern die Auseinandersetzung nicht in gegenseitiger Bekämpfung und Zwang münden soll.

Die Hauptlinie zur programmatischen Entwicklung einer universellen Grundethik verliefe dann entlang ihrer Fähigkeit, verschiedene Gesellschaften oder spezifisch begrenzte Gesellschaftsbereiche und deren jeweilige Wertvorstellungen in einem reduzierten universellen Kern integrieren oder konsistent aus ihm ableiten zu können. Ausgangspunkt wären universell-existentialistische Erfahrungen, die jeder Mensch, unabhängig von Geburtsort und sozialer Zugehörigkeit, notwendigerweise durchlebt: biologische Bedingungskategorien wie Geburt, Wachstum, Sexualität, Krankheit und Tod sowie geosoziale Bedingungskategorien, die sich thematisch in natürliche Beschaffenheit und Ressourcen des Lebensraums, Geburtsfamilie und Status sowie Individualität, Gesellschaft und Staat gruppieren ließen. Entlang der zwei Hauptstränge, biologische und geosoziale Lebensbedingungen, ließen sich dann grundsätzliche Fragestellungen über die Bedeutungen von neuen Technologien, Stichwort Gentechnik, virtuelle Realität etc., über die Verteilung von Eigentum und Geld bis hin zu Rechts-, Staats- und Gesellschaftsstrukturen sowie Wirtschaftsformen in unterschiedlichen Kontexten behandeln und im Hinblick auf eine universell akzeptable Freiheitsmoral beurteilen, um die freie Existenz aller Menschen in unterschiedlichen Lebenszusammenhängen zu ermöglichen.

IV. Epilog: Wissenschaftliche Anknüpfungen

A. Überblick Forschungsstand zur Kausalität

Kursorische Recherchen zu Erkenntnissen über den Ursache-Wir-kungs-Zusammenhang ergeben, dass das Thema Kausalität schon von antiken griechischen Philosophen, insbesondere Platon und Aristoteles, bedacht wurde. So bedeutete im antiken Griechenland der Begriff „aitia" so viel wie Ursache, Grund, Erklärung und wird vor allem in einem relationalen Zusammenhang verwendet: X ist zu be-schuldigen oder zu danken für Y, also einer Statuszuschreibung von X im Verhältnis zu Y.[59] Im Weiteren untersuchten sie vor allem auf die Relation zwischen X und Y und unterschieden eine wertende Status-zuordnung in der Beziehungsebene von einer sachlichen Erklärung des Beziehungszusammenhangs.[60] Damit einher gingen Überlegun-gen, dass Fragen zur Identität von Ursachen und Wirkungen aufge-worfen wurden; Identität aber in dem Sinne, dass sich bestimmte Beobachtungen wiederholen und einander gleich, d.h. insofern iden-tisch, sind und auf einen gesetzmäßigen Zusammenhang geschlos-sen werden könne und was als wirkliche Ursache gelten soll.[61] An der Diskussion von Ursachen spaltet Plato erstmals Erfahrung (Empirie) von metaphysischen Erkenntnissen ab.[62] Vor allem Gott und höhere Kräfte bzw. Ideen werden dann als letzte bzw. erste Ursache der in der Welt überhaupt beobachtbaren Veränderungen, nämlich Werden, Sein und Vergehen, angesehen.[63]

---

59 Vgl. *Broadie* 2012, Ancient Greeks, S. 21 ff.
60 Vgl. ebd.
61 Vgl. ebd.
62 Vgl. ebd.
63 Bspw. das „unmoved mover"-Konzept von Aristoteles, vgl. ebd., S. 36 f.

Die frühen modernen, d.h. aufklärerischen, sich vom Gottes-
begriff lösenden philosophischen Beschäftigungen mit Kausalität,
beginnen mit den Werken von Descartes (ausgehend von seinem
neu gefassten Materiebegriff) und nehmen bis heute insbesondere
Bezug auf die Arbeiten von Hume, aber später auch auf Kant, der
einen starken Impuls für seine Transzendentalphilosophie ebenfalls von Hume bezieht.[64] Im Anschluss an Kant waren es vor allem
Physiker, die sich mit Ursachen von natürlichen Ereignissen nicht
nur in Experimenten, sondern auch philosophisch beschäftigten.
Zur Mitte des 20. Jahrhunderts fiel das philosophische Interesse an
Kausalität deutlich ab.[65] Seit 1965 lassen sich zwar stark steigende
Publikationszahlen zu dem Thema bzw. zur Bezugnahme auf Kausalität in den Wissenschaften feststellen,[66] jedoch geht es vielfach
lediglich um eine Anwendung kausalen Vokabulars[67]. Insbesondere

---

64 Vgl. den zusammenfassenden Überblick zur Historie und zu den aktuellen
    Fragestellungen zum Thema Kausalität bei *Beebee et al. (Hrsg.)* 2012, Hand-
    book of Causation. Darin wird einführend die Entwicklungsgeschichte zum
    Begriff Kausalität bis zu den logischen Empiristen als historisch dargestellt.
    Daran anschließend werden verschiedene moderne Standard- sowie auch
    alternative Ansätze zum Thema Kausalität vorgestellt; siehe auch *Hütte-
    mann* 2013, Ursachen, der die historische Entwicklung über Descartes, Hume
    und Russell-Mach prägnant darstellt, daran anknüpfend Hauptströme der
    aktuellen Kausalitätsdebatte nachzeichnet und schließlich eine eigene The-
    orie vorschlägt oder *Schnepf* 2006, Frage nach der Ursache, S. 26, der in der
    Unterscheidung von historisch und modern einen klaren Schnitt bei Kant
    vornimmt.
65 Vgl. *Hüttemann* 2013, Ursachen, S. 71.
66 Eine Auswertung der Suchfunktion im Katalogsportal „KARLA" der Univer-
    sitätsbibliothek Kassel am 21. November 2017 ergab, dass bei Verwendung
    des Suchworts „kausal" über alle Suchfelder sich die Anzahl der jeweils in
    einer Dekade (1895–1905, 1916–1925 usw. usf.) veröffentlichten Arbeiten
    über den Zeitraum von 1966 bis 2015 (vor 1966 gab es kaum Ergebnisse zu
    diesem Suchwort) fast verzehnfacht hat. Die Auswertung für das englische
    Suchwort „causal" zeigt über denselben Zeitraum sogar fast eine 19-fache
    Steigerung der Suchergebnisse.
67 Vgl. *Hüttemann* 2013, Ursachen, S. 163.

die Philosophie konnte – im Grunde seit Kant – keine nennenswerten Erkenntnisfortschritte mehr darüber vorweisen, was Kausalität sei bzw. bleiben zentrale Probleme ungelöst.[68] Im Folgenden werden knapp die wichtigen Aspekte der modernen Kausalitätsforschung nachgezeichnet.

1. Hume

Die Arbeiten von Hume zielten darauf ab, Spekulationen, d.h. unbewiesene Aussagen, über Ursachen zu beenden und wissenschaftliche, d.h. beweisbare bzw. bewiesene, Antworten zu geben.[69] Hume erkannte, dass Aussagen über die Wirklichkeit, d.h. auch über Ursachen und deren Wirkungen, im menschlichen Denken selbst begründet seien und aktiv durch den menschlichen Verstand konstruiert und damit auch durch ihn begrenzt sind.[70] Diese gedankliche Verknüpfung müsse aber durch Erfahrung bestätigt werden, da sich ein Mensch mögliche Wirkungen einer Ursache vorstellen kann, bspw. dass eine Billardkugel, nachdem sie auf eine zweite Billardkugel getroffen ist, entweder stehen bleibt und die zweite sich in eine Richtung rollend in Bewegung setzt oder die erste stehen bleibt und die zweite zu hüpfend beginnt und dass diese Vorstellungen von empirischen Beobachtungen abweichen können; eine regelmäßige Verknüpfung zwischen empirischen Ereignissen müsse gegeben sein, damit von einem Kausalverhältnis gesprochen werden könne.[71] Dies führe dazu, dass über den Zusammenhang von Ereignissen in der Welt

---

68 Vgl. ebd. S. 58 f.; *Spohn* 1983, Theorie der Kausalität, S. 4; *Psillos* 2012, Regularity, S. 154; *Frank* [1932] 1988, Kausalgesetz, S. 263.
69 Vgl. *Psillos* 2012, Regularity, S. 132.
70 Vgl. *Spohn* 1983, Theorie der Kausalität, S. 9 f.
71 Vgl. *Hüttemann* 2013, Ursachen, S. 32 f.

wenig Gesichertes gesagt werden könne und die Kausalität durch
den Menschen hinzugefügt werde; es gäbe demnach keine Gründe
für die Annahme, dass eine notwendige Verknüpfung zwischen den
Ereignissen in der Natur existiere, die der Mensch erkennen könne;
Kausalität sei eine menschliche Projektion.[72] Auf das menschliche
Denken verallgemeinert, ließe sich die Anschauung von Hume begreiflich machen als „All kinds of reasoning consist in nothing but a
comparison, and a discovery of those relations [...] which two or more
objects bear to each other."[73] Als Konsequenz aus Humes Ansatz ergibt sich, dass es nichts natürlich oder göttlich Vorgegebenes gibt
und gesicherte Aussagen über die Welt nur im Rahmen der menschlichen Wahrnehmung möglich sind und grundsätzlich keine Aussagen über die Zukunft belastbar sind, da zukünftige Ereignisse noch
nicht wahrgenommen wurden; die sicheren Aussagen also stets nur
insoweit wahr sind, als dass sie sich auf bisherige Beobachtungen
beziehen. Unklar bleibt jedoch, wie diese regelmäßig zu beobachten-
den Zusammenhänge in die Welt kamen, da der Mensch sie ja selbst
nicht aktiv in die Welt brachte, sondern „nur" beobachtete. Die Aussage, dass im Prinzip alle Ereignisse nur subjektive Wahrnehmungen und damit kein absolutes Wissen möglich sei, stand in einem
Spannungsverhältnis zu den fortschreitenden Erfolgen, weltliche
Vorgänge in Experimenten zu erklären und daraufhin Wirkungen zuverlässig vorhersagen zu können. Da sich die physikalischen Experimente stets auf empirische Zusammenhänge bezogen, d.h. bisherige
Beobachtungen für ihre Aussagen heranziehen, bleibt Humes These
bestehen. Der nachweisliche Erfolg dieser induktiven Methode in
den Naturwissenschaften, die gewonnene Fähigkeit, Ereignisse in
der Natur ursächlich mit anderen Naturvorgängen in Verbindung zu

---

72   Vgl. ebd., S. 40.
73   *Hume* 1739, Treatise, Part 3, Section 1: Probability, and the idea of cause and
     effect, erster Absatz.

bringen und mathematisch zu beschreiben, sowie die sich daraus entfaltende industrielle Revolution, könnten den Drang nach einer gesicherten Basis über Kausalität, wie sie der Mensch zugleich „erfindet" und in der Natur beobachtet, was sie voraussetzt und aus ihr folgt, abgeschwächt und die (religiös fundierte) metaphysische Philosophie mit ihrer Deutungshoheit über das Gute und Schlechte in der Welt in den Hintergrund treten lassen haben. Die Geburt und der Siegeszug der auf Empirie beschränkten Naturwissenschaft und der sich durch sie neu erschließenden Möglichkeiten, insbesondere der Physik, bahnten sich an. Der relationale und skeptische Ansatz von Hume, dass alle Erkenntnisse, auch über Kausalitäten, menschliche Erfahrungen seien und damit die Unmöglichkeiten sowohl der bisher vorherrschenden Behauptungen über einer absoluten göttlichen Ordnung samt Vorbestimmung als auch einer absoluten Gewissheit über die Welt und Zukunft durch empirische Beobachtungen gezeigt wurden, trat in den Hintergrund.

2.　　Kant

In Anerkennung der von Hume schonungslos aufgedeckten Schwäche der metaphysischen Philosophien, ihrer Deutungen der Welt und Aussagen über das Seins, nämlich ihrer fehlenden empirischen Belegbarkeit bzw. ihrer notwendigen Erkenntnis durch menschliche Erfahrung, und der drohenden Belanglosigkeit der Metaphysik für die Ordnung der Welt unternimmt Kant den Versuch ihrer Rehabilitierung und Beförderung in den Status einer Wissenschaft (im Ganzen seine sog. Transzendentalphilosophie): Sie solle sich nicht mehr auf unsicherem spekulativem Grund bewegen, sondern unter Rückgriff auf Humes Erkenntnisse und das Konzept der Kausalität, eine von mehreren a priori notwendigen geistigen Kategorien für die Synthese aus Wahrnehmung und Denken, empirisch haltbare Erkenntnis überhaupt erst ermöglichen.[74] Auch er führt damit den Gedanken weiter, dass Kausalität ein menschliches Denkschema des Verstands ist, welches der Vernunft erlaubt, dem Verstand prinzipielle Vorgaben für die Verarbeitung von Erfahrungen zu machen. Die Kausalität sei somit ein Teil der notwendigen Voraussetzungen, die dem Menschen erst Erfahrung, insbesondere in einer zeitlichen Reihung, d.h., auf eine Ursache folge zwingend eine Wirkung, ermögliche.[75] Damit bleibt der Mensch in seinem Erkenntnisvermögen wie bei Hume zwar auf sein subjektives Sein beschränkt. Er kann nicht unzweifelhaft wissen, wie die Welt wirklich ist und bleibt auf (s)eine Wahrnehmung und Vernunftschlüsse beschränkt. Kant geht aber diesbezüglich weiter und spitzt seine Überlegungen derart zu, dass sich die Erkenntnis nicht mehr nach den Gegenständen richten müsse, sondern die Gegenstände sich nach den Erkenntnismöglichkeiten des Menschen richten.[76] Erfahrungen seien dann raumzeitlicher Rohstoff (Ursache) für geistige Erkenntnis (Wirkung)[77] und im Weiteren führt er im Detail eine Untersuchung der geistigen Strukturen und Regeln des Erkenntniserwerbs durch. Im Zuge dieser erkenntnistheoretischen Untersuchungen erarbeitet Kant mehrere Elemente, die für eine Kausalitätstheorie relevant sein könnten: (i) die grundlegende Methode des Denkens, d.h. die Verschmelzung von Begriffen mit Erfahrungsinhalten im menschlichen Bewusstsein (die synthetische Einheit der Apperzeption)[78], (ii) die Einfügung Platos Ideen in seine Theorie des Denkens als sinnlich nicht erfahrbare „Urbilder der Dinge selbst", die außerhalb möglicher Erfahrungen bestehen, aber von der Vernunft

---

74   Vgl. *Spohn* 1983, Theorie der Kausalität, S. 10 f.
75   Vgl. *Hüttemann* 2013, Ursachen, S. 45 f.
76   Vgl. *Kant* [1787] 1974, Kritik reine Vernunft, B 126 f. und A 126 f.
77   Vgl. ebd., A 369.
78   Vgl. ebd., B 132 ff.

erkannt werden und den Verstand in seiner Verarbeitung von Erfahrungen leiten können[79] und (iii) der Begründung der menschlichen Freiheit aus Kausalität: Die kausale Abfolge von Ursache und Wirkung ließe sich, bei kontinuierlicher Frage nach der Ursache von der Ursache (unaufhörliches Fragen nach dem Warum), als eine kausale Reihe vorstellen; der Anfang einer solchen kausalen Reihe könne vom Menschen in einer „freien" Handlung, bspw. das Aufstehen von einem Stuhl, gesetzt werden; diese Freiheit drücke sich zudem darin aus, dass der Mensch auch danach fragt, wie etwas sein soll, was nicht möglich wäre, wenn jegliche Ereignisse durch kausale Naturgesetze zwingend aus ihren jeweils vorgelagerten Ursachen zustande kämen.[80] Demnach wäre der Mensch frei, den Anfang einer kausalen Reihe zu setzen, entkäme damit aber den vorgegebenen Kausalitäten grundsätzlich nicht. Wie es dazu kommt, dass Kausalität eine Kategorie des menschlichen Verstandes und seiner Verarbeitung von Erfahrungen sei, wird bei ihm leider nicht erklärt. Insgesamt geht es Kant darum, die Metaphysik gegenüber der strikten Abweisung durch Hume zu rehabilitieren, und grenzt ihr originäres „Geschäft" gleichermaßen streng gegenüber unzulässigen bzw. unnützen Spekulationen, bspw. ontologischen Gottesbeweisen,[81] und der Empirie, die bloß „unreinen" Rohstoff für den Verstand und die Vernunft liefert, ab. Stattdessen versucht er eine „reine" metaphysische Moral, die auf den der Empirie a priori vorhergehenden Ideen des Kosmos, der Freiheit und des in Gott gesehenen Urgrund alles Seins (samt Gottesbeweis) gründet, als wissenschaftlich haltbares Leitprinzip der freien willentlichen Handlungen bzw. der freien menschlichen Eingriffe in der Welt zu etablieren und damit die klassische Metaphysik in den Status einer Wissenschaft zu überführen. Dieser Versuch,

---

79 Vgl. ebd., B 369 ff.
80 Vgl. ebd., B 472 ff. und B 570 ff.
81 Vgl. ebd., B 631.

das Unerklärliche nicht nur zu erklären, sondern auf Basis „reiner Vernunft" und ohne Anschauung der Erfahrungen zu beweisen, musste zum Scheitern verurteilt sein.

3. Die Physiker

In Kants Erkenntnistheorie bzw. Transzendentalphilosophie ist die Kausalität ein letztlich von Gott vorgegebenes elementares Werkzeug des menschlichen Verstandes, aufs Ganze seiner Metaphysik gesehen, aber untergeordneter Aspekt. Ungeachtet dessen blieb das Phänomen der Kausalität in der jüngeren Philosophie Gegenstand intensiver Betrachtungen und hat sich unter dem Deckmantel der Erforschung von Ursachen als empirisch belegbarer und in Experimenten wiederholbarer Zusammenhang von Ereignissen in der Natur, verselbstständigt und die erste Naturwissenschaft, die Physik, begründet.[82] Die Physik wurde so zunächst zur „Wissenschaft der Ursachen" und differenzierte ihre Begrifflichkeiten immer weiter aus, sodass Zustandsänderungen und Wirkungen natürlicher Vorgänge in mathematischen Gleichungen beschrieben werden konnten.[83] Ein erster Schritt war die volle Entfaltung der newtonschen Physik und die Verwandlung des Begriffs der Ursache in Kraft, mit dessen Hilfe Bewegungs- und Zustandsänderungen erklärt werden konnten.[84] Dieses Denken wurde ausgebaut und in letzter Konsequenz wurde es von Physikern unternommen, sämtliche Zustandsänderungen auf Bewegungsänderungen von Materie(punkten) zurückzuführen, womit Bewegungskräfte zur letzten Ursache aller Änderungen erklärt wurden und sich die ganze Welt auf Basis einer mechanistischen

---

82 Vgl. *Hüttemann* 2013, Ursachen, S. 41 ff.
83 Vgl. ebd.
84 Vgl. ebd.

Weltanschauung erklären ließe.[85] Die sich parallel materialisierenden Fortschritte in der Übertragung von neuem physikalischen Wissen in kommerziell-technische Produkte (bspw. Telefonie, Licht, Elektromotoren etc.) erlaubten es ihr, sich von metaphysischen Spekulationen über Gotteshandlungen vollständig zu lösen und immer mehr Naturgesetze zu formulieren, die ohne Gottesbezug erfahrbar sind. So domestizierten Physiker das Thema Kausalität mit einer deterministischen Perspektive: Unter der Annahme vollkommener Kenntnis über alle Teilchen in der Welt und alle wirkenden Kräfte könnten mittels einer Weltformel die Bewegungen aller Teilchen in die Vergangenheit zurück und für die Zukunft berechnet werden und somit jeder existierende Zustand vorausgesagt werden;[86] Fragen nach übersinnlichen Kräften oder ähnliche Glaubensvorstellungen ließen sich so durch die exakten Wissenschaften endgültig abschaffen. Diese Sichtweise verleitete manche Physiker dazu, die Abschaffung der Philosophie zu fordern, da nun jede Fachwissenschaft hinreichende Erkenntnisse empirisch gewinnen könne und deshalb metaphysische Spekulationen keine echte Wissenschaft mehr seien.[87] Ungeachtet der neuen Möglichkeiten, universelle Zusammenhänge unter Rückgriff auf Kräfte zu erklären und vorhersagen zu können, blieb offen, was denn Kraft überhaupt sei und weshalb diese Bezeichnung angemessener sei als der Begriff Ursache. So beobachtet Hüttemann:

„Die innerwissenschaftliche Kritik am Kraftbegriff führte dazu, dass Kräfte von vielen [Physikern] nicht mehr als Ursachen von Bewegungsänderungen aufgeführt wurden, sondern als abhängige Größen. Ursachen als dasjenige, was eine

---

85 Vgl. ebd.
86 Vgl. *Frank* [1932] 1988, Kausalgesetz, S. 59.
87 Vgl. ebd., S. 39.

(Bewegungs-)Änderung *hervorbringt* oder *produziert*, spielen in der Physik fortan keine Rolle mehr."[88]

Abhängige Größe bedeutet in diesem Zusammenhang, dass sich Kräfte aus anderen physikalischen Größen zusammensetzen und insofern nicht die letzte Ursache des Seins sein können. Die weitere Entwicklung zeichnet Hüttemann über John Stuart Mill nach, der feststellt:

„Das Kausalgesetz, dessen Anerkennung die Hauptstütze der induktiven Wissenschaften ist, besagt [...] dass durch Beobachtung eine unveränderliche Abfolge gefunden wird zwischen jeder Tatsache in der Natur und einer anderen Tatsache, die ihr vorangegangen ist."[89]

Zentral dabei ist die „unveränderliche Abfolge", sodass der Ursachenbegriff hier eine Neudeutung in (hinreichende) Bedingungen erfährt, die gegeben sein müssen, damit bestimmte Wirkungen beobachtet werden können. Anstelle von Bedingungen greifen nun die Physiker (Fechner und später Mach) diese Gedanken auf und formen den Begriff der Umstände, die gegeben sein müssen, um eine bestimmte Wirkung zu zeitigen und das Verhältnis zwischen diesen Zuständen naturgesetzmäßig (unveränderlich) zu beschreiben.[90] Damit reduzieren sich einerseits Ursachen und Wirkungen weiter zu (mathematischen) Abhängigkeitsfunktionen zwischen Erscheinungen, differenzieren sich andererseits aber aus, da deutlich wird, dass eine Wirkung von mehreren unterschiedlichen und gleichzeitig bestehenden Umständen abhängen kann, womit ein qualitativer

---

88 *Hüttemann* 2013, S. 44.
89 Ebd., S. 46.
90 Vgl. ebd., S. 46 ff.

Unterschied zu den bisherigen Kausalitätsüberlegungen seit Hume einhergeht, der sich auf sehr einfache und anschauliche Beispiele bezog.[91] Einige Physiker versuchen nun, den Begriff der Ursache gänzlich zu tilgen. So argumentiert Ernst Mach zur Auslöschung der bisherigen Ursache- und Wirkungsbegriffe:

> „Die Natur ist nur einmal da. Wiederholungen gleicher Fälle, in welchen A immer mit B verknüpft wäre [(d.h. unveränderliche Abfolgen)], also gleiche Erfolge unter gleichen Umständen, [...] existieren nur in der Abstraktion, die wir zum Zweck der Nachbildung der Tatsachen vornehmen."[92]

Frank bestätigt diese Sichtweise, dass es physikalisch nicht möglich ist, eine Beobachtung bzw. ein Experiment exakt zu wiederholen, weil sowohl der Anfangszustand des Experiments (u.a. die Anordnung und der Zustand der Luftteilchen, die Teilchen und Zustände des experimentell zu untersuchenden Objekts, die Teilchenzustände der Messgeräte usw. usf.) als auch die Messung mit Hilfe eines Geräts (es besteht schließlich selbst auch aus Materieteilchen) nicht exakt wiederholbar sind, d.h., die relevanten Massepunkte sind jeweils nicht exakt wiederholbar in Bezug auf ihren Ort und ihre Geschwindigkeit.[93] Ungeachtet dessen, versuchte Frank dennoch die Formulierung eines universellen physikalischen Kausalgesetzes, muss jedoch eingestehen, dass sein Versuch keinen empirischen Aussagewert hat.[94] Auch Mach spricht in späteren Publikationen davon, dass „[d]ie Physik mit ihren Gleichungen [...] dieses [kausale] Verhältnis [zwischen Ursache und Wirkung] deutlicher [beschreibt],

---

91   Vgl. ebd.
92   Ebd., S. 49.
93   Vgl. *Frank* [1932] 1988, Kausalgesetz, S. 192 ff. und 208 f.
94   Vgl. ebd., S. 263 f. und 284.

als es Worte tun können."[95] Darin drückt sich auch ein weiteres potentielles Problemfeld für Kausalitätserklärungen im Hinblick auf die Physik aus: Nämlich dass Gleichungen eben angeben, dass Zustände gleich und gleichzeitig sind, bspw. eine klassische Balkenwaage mit jeweils zwei gleich schweren Gewichten; jedes Gewicht bzw. ihre Kraft ist zugleich Ursache und Wirkung dafür, dass die Waage ausgeglichen ist. Die sonst übliche Denkweise, dass die Ursache einer Wirkung vorangehen muss, scheint hier physikalisch nicht relevant zu sein. Bisherige Kausalitätserklärungen stützen sich jedoch nach wie vor auf die „unveränderliche Abfolge" von Ursache und Wirkung (die sog. Asymmetrie der Kausalität).[96] Das Problem, Kausalitätserklärungen mit physikalischen Beobachtungen zu vereinen, verstärkte sich nochmals deutlich mit den empirischen Nachweisen zur Quantenmechanik und zu ihrer Indeterminiertheit (der Ort bzw. Zustand eines Objekts kann für einen zukünftigen Zeitpunkt nicht mehr vorab berechnet bzw. bestimmt werden). In Folge dessen konnte die Physik ihre Deutungshoheit und insbesondere die deterministische Perspektive über kausale Zusammenhänge nicht mehr in gleichem Maße aufrechterhalten.[97] Vielleicht angesichts dieser Schwierigkeiten lösten sich die fortschreitende Physik bzw. die Naturwissenschaften im Allgemeinen vom Ziel, erklären zu wollen, was Kausalität sei; Russell stellt dies prägnant fest:

„[...] the reason why physics has ceased to look for causes is that, in fact, there are no such things. The law of causality, I believe, [...] is a relic of a bygone age, surviving, like the monarchy, only because it is erroneously supposed to do no harm."[98]

---

95 Vgl. *Hüttemann* 2013, S. 49.
96 Vgl. ebd., S. 51 f.
97 Vgl. *Spohn* 1983, Theorie der Kausalität, S. 4.
98 *Russell* 1913, Notion of Cause, S. 1.

4. Aktuelle Philosophie

Damit bietet sich dem aktuellen philosophischen Denken nach wie vor das Ziel, erklären zu wollen, was Kausalität sei. Dabei ist den Hauptforschungsansätzen gemein, dass sie versuchen die Mach/Russell-Position, es gäbe keine allgemeine Ursache-Wirkung-Gesetzmäßigkeit und Kausalität müsse aus dem Denken eliminiert werden, mit der Position, dass Kausalität einfach sei und sich nicht weiter durch nicht kausale Sachverhalte erklären ließe, in Synthesen zu vereinen oder in Mittelwegen zumindest beiden Ansätzen gerecht zu werden.[99] Hüttemann schlägt vor, die aktuellen philosophischen Ansätze in drei Bereiche zu unterscheiden: (1) Begriffliche, d.h., was mit dem Begriff Ursache gemeint ist und welche Merkmale mit Kausalitäten verknüpft werden, (2) epistemologische, d.h., wie Kausalbeziehungen überprüft werden können, und (3) ontologische, d.h. die Frage beantworten, was Kausalität ist und wie sie sich konsistent erklären lässt.[100] Diese Unterscheidung ist meines Erachtens sinnvoll, wird im Folgenden aber nicht streng eingehalten, sondern es wird versucht, standardmäßige Ansätze zu skizzieren und offene Probleme kurz anzusprechen. Eine umfängliche Darstellung aktueller Forschungsansätze ist bei Hüttemann und Beebee et al. zu finden.[101]

Viele Ansätze greifen im Kern auf die von Hume versuchte Definition, die als „Regularity View of Causation" oder „Regularitätstheorie" beschrieben wird, zurück und versuchen ihre Unvollständigkeiten durch die Einführung neuer Nebenbedingungen oder Begrifflichkeiten auszugleichen. Dazu gehören insbesondere Ansätze, die Kausalität durch logisch-sprachliche oder mathematisch-

---

99   Vgl. *Hüttemann* 2013, S. 60 f.
100 Vgl. ebd., S. 61.
101 Vgl. *Hüttemann* 2013, Ursachen und *Beebee et al. (Hrsg.)* 2012, Handbook of Causation.

probabilistische Beschreibungen der im (gesetzmäßigen) Verhältnis miteinander (hinreichend oder notwendig) verknüpften Kausalereignisse (die sog. Relata) zu erklären bzw. zu beschreiben.[102] Grundsätzliches Ziel ist es – anders als Hume – logisch-sprachlich ein vom Menschen unabhängiges Gesetz zu formulieren (aber kein souveräner Gott oder Ähnliches), das bei Bestehen notwendiger Bedingungen von ursächlichen Faktoren regelmäßig die zu beobachtbaren Ereignisse eintreten lässt. Was das Gesetz sei, wie es funktioniert oder wie ggf. mehrere ursächliche bzw. sich überlagernde Faktoren zueinanderstehen, bleibt jedoch offen; eine logisch konsistente Antwort wurde bisher nicht gefunden. Mathematische Modelle helfen dabei, mittels aufwendiger Wahrscheinlichkeitsfunktionen wahre Aussagen darüber machen zu können, mit welcher Wahrscheinlichkeit eine oder mehrere Ursachen bzw. Faktoren zu welchen Ereignissen führen (könnten). Ungeachtet dessen, dass die Mathematik die kausalen Verhältnisse, also das „Wie" des Gesetzes, „nur" sprachlich anders (logisch) beschreibt, ohne zu erklären, was sie sind, sind die Modelle regelmäßig anfällig für Auswertungen von Daten, die zwar logisch wahr sind, aber empirisch nachweislich keine Entsprechung in der Wirklichkeit finden (so wie bspw. die statistische Korrelation der Zunahme der Storchenpopulation mit der Zunahme der menschlichen Geburtenrate in einem Ort mathematisch zusammenhängen kann, aber keine kausale Verknüpfung besteht).

Verwandte Ansätze versuchen dagegen durch logische Deduktionen, die Fragestellung, was Kausalität sei, zu lösen.[103] Dazu gehört bspw. die falsifizierende Methode, die der Kausalität durch

---

102 Vgl. *Psillos* 2012, Regularity, S. 131 ff.; *Williamson* 2012, Probabilistic, S. 185 ff.

103 Vgl. *Paul* 2012, Counterfactual, S. 158 ff., *Dowe* 2012, Causal Process, S. 213 ff.; *Spohn* 1983, Theorie der Kausalität, S. 5 f. und 103 ff.; *Schnepf* 2006, Frage nach der Ursache, S. 25 ff.

kontrafaktische wahre Aussagen näher kommen möchte (der Zustand X wäre nicht eingetreten, wenn nicht Y gewesen wäre). In dieser deduktiven Vorgehensweise müssten dann alle möglichen Faktoren untersucht werden, um eine wahre Aussage darüber machen zu können, welche Faktoren (über Y hinaus) verbleiben, ohne die X nicht eingetreten wäre. Ein Totalzustand müsste ermittelt werden, um die tatsächlich relevanten Ursachen festzustellen. Wirklich näher kommt diese Methode einer Antwort, was Kausalität sei, jedoch nicht. Problematisch ist auch, wenn mehrere Faktoren ursächlich beteiligt gewesen sein könnten, die Frage, in welcher Beziehung die unterschiedlichen Faktoren zueinander stehen und wirken.

Weitere Denkansätze fokussieren Teilaspekte, nämlich dass Kausalität einerseits ein in der Natur vorhandenes (extensionales) Phänomen sei, das unabhängig vom menschlichen Geist existiere, und andererseits die Erklärung des Phänomens aber ein rein (intensionaler) rationaler Vorgang sei, welcher „nur" Fakten oder Wahrheiten verbinde.[104] Daraus folge, dass die Relata einer Kausalbeziehung nahezu beliebig beschrieben und dementsprechend andere Kausalitäten konstruiert werden können (bspw. ein lautes „Hallo" lässt Frau X erschrecken und ihre Kaffeetasse fallen, was bei einem leisen „Hallo" nicht geschieht). Dazu gehöre auch, dass unterschiedliche Perspektiven und Fragestellungen desjenigen, der nach der Ursache fragt, zu unterschiedlichen Ursachen führe (ein Feuer ist durch einen elektrischen Funken entfacht worden gegenüber der genaueren Erzählung, dass das Feuer durch elektrischen Funkenflug in eine größere Menge trockenes Holz entfacht wurde usw. usf.).[105] Schließlich könne, analog zum kontrafaktischen Ansatz, das Nichtexistieren eines Ereignisses, die Ursache für ein anderes Ereignis

---

104 Vgl. *Menzies* 2012, Platitudes, S. 341 ff.
105 Vgl. ebd.

sein (keine Nahrung führt zum Hungertod), wodurch dann eines der beiden kausalen Relata „offen" wäre und ein positiv beschreibbares, existierendes Objekt fehle (was eine notwendige oder zumindest hinreichende Voraussetzung für Kausalität sein könnte).[106] Dieses Denken versucht diese Beobachtungen zur Kausalität dadurch zu erklären, dass Kausalität der (von Menschen gemachte) Unterschied zu einem Normalzustand sei.[107] Offen bleibt allerdings, wie der jeweilige Normalzustand erfasst werden könne. Wieder andere Denkansätze betreiben die (Wieder-)Einführung nicht näher zu spezifizierender Kräfte[108], die sozusagen dank der ihnen innewohnenden Fähigkeiten und in ihren Manifestationen in der Wirklichkeit, Ereignisse bewirken können. Diese Kräfte lösten dann die sonst hinreichende (oder notwendige) direkte Verknüpfung zwischen zwei (oder mehr) unterschiedlichen Ereignissen auf; stattdessen führten nicht reduzierbare, aber notwendige Kräfte, z.B. Magnetismus, zu der (möglichen) Manifestation von Ereignissen. So hinge ein Magnet an einer Kühlschranktür, ohne dass ein anderes Ereignis sozusagen aktiv diesen Zustand ursächlich herbeiführe. Was denn die Kraft sei und wie sie erklärt werden könne, bleibt jedoch unbeantwortet, sodass letztlich, wie auch schon die Ansätze der Physiker, dieser Weg als unzureichend einzustufen ist.

Über die skizzierten Ansätze hinaus gibt es weitere Versuche, den einen oder anderen Ansatz zu nuancieren oder mit zusätzlichen Bedingungen anzureichern, jedoch lassen sich für jeden Erklärungsansatz Gegenbeispiele und logische Widersprüche anführen, sodass bisher alle Ansätze falsifiziert wurden und unvereinbar mit intuitiven bzw. empirisch überzeugenden Gewissheiten sind.[109]

---

106 Vgl. ebd.
107 Vgl. ebd., S. 355 ff.
108 Vgl. *Mumford* 2012, Causal Powers, S. 265 ff.
109 *Psillos* 2012, Regularity, S. 154; vgl. *Hüttemann* 2013, Ursachen, S. 134.

5. Renaissance der Ästhetik

Die beschriebenen Wege ähneln sich vor allem durch ihre mathematisch- und sprachlich-logischen Methoden, um zu ergründen, was Kausalität sei, sind also bei den von Hüttemann oben genannten Denksträngen eher dem ontologischen Strang zuzuordnen. Begriffliche und epistemologische Ansätze bedienen sich natürlich ebenso sprachlich-logischer Methoden. Hervorheben möchte ich im Besonderen die Relevanz der Ästhetik innerhalb des epistemologischen Strangs. Ästhetische Überlegungen wurden bei Hume und Kant noch, vor allem wegen ihrer Einschränkung des menschlichen Erfahrungshorizonts, stark in ihr Denken einbezogen.

Wie oben beschrieben, gründete Hume sein Denken zur Kausalität in zentraler Weise auf die Bedingungen der menschlichen Wahrnehmung. Kant bezog sich ebenfalls regelmäßig auf die einschränkenden Bedingungen der menschlichen Wahrnehmung, die sich zuletzt auf Wahrnehmungen von Raum und Zeit an sich reduzieren ließen. Kant behandelte die Ästhetik als einen, wenngleich vom Umfang deutlich kleineren, der beiden Hauptstränge seiner Kritik der reinen Vernunft und stellte vielleicht zum Ende seiner Aktivitäten fest, dass er ihr in seinem Denken zu wenig Beachtung schenkte.[110] Zwar ohne Verwendung des Begriffs Ästhetik, waren und sind auch die Physiker, bedingt durch ihre empirischen Untersuchungen, insbesondere in Form von experimentellen Messungen, in ihrem Denken stark an Ästhetik, als sinnliche Wahrnehmungen verstanden, gebunden; diese Messungen können als Erweiterung menschlicher Erfahrung gesehen werden, da diese Experimente stets von Menschen interpretiert und

---

110 Siehe dazu bei Wikipedia die Hinweise zum „Opus postumum", den von Kant zum Ende seines Lebens unvollendeten Entwürfen, in denen er sich nochmals intensiv mit dem „Äther" beschäftigte und den „Übergang von den metaphysischen Anfangsgründen zur Physik" suchte.

ausgewertet werden müssen und sich in Bezug auf Kausalität analog
zu direkten menschlichen Erfahrungen verhalten. Die Nichtbeach-
tung ästhetischer Begriffe und ihres Denkens von den Physikern,
die bei den antiken griechischen Philosophen noch integraler Bestandteil war,[111] hängt vielleicht damit zusammen, dass erst Anfang
des 18. Jahrhunderts der Begriff Ästhetik von Baumgarten in einer
ausführlichen Abhandlung in die abendländische Welt Eingang fand
und Baumgartens Abhandlung sich auch vor allem auf das Erkennen
durch sinnliche Erfahrung bezog; er versuchte eine systematische
Unterteilung des Schönen sowie die Begründung einer eigenen philosophischen Disziplin samt neuer Kunsttheorie und Ethik, also was
gute und schlechte Kunst sei.[112] Eine Assoziation und Verbindung
mit physikalischen Messungen oder Experimenten, die ja gerade
objektiv und von der individuellen menschlichen Erfahrung unabhängig sein sollen, lag demzufolge vielleicht nicht so nah, als dass
der Begriff, den ihm meines Erachtens zustehenden Eingang in die
Physik fand. Es könnte jedoch sinnvoll sein, den Begriff der Ästhetik
in unmittelbaren Zusammenhang mit einem epistemologischen Ansatz über Kausalität zu bringen. In der aktuellen Philosophie zur Kausalität widmen sich implizit, d.h. ohne Bezug und Verwendung des
Begriffs Ästhetik und ohne ausdrücklichen Rückgriff auf das breite
Denkspektrum der Physiker, die sog. Prozesstheorie sowie der sog.
interventionistische Ansatz ästhetischen Aspekten.

Das besondere Merkmal von Prozesstheorien ist, dass entgegen
der These von Hume und anderen Ansätzen, die vornehmlich auf
rein logische Erklärungen basieren, in der Kausalbeziehung nach
einer physischen Verknüpfung gesucht wird, die messbar ist und
ohne zirkuläre Begrifflichkeiten, also ohne die Einführung weiterer

---

111 So z.B. bei Aristoteles, vgl. *Broadie* 2012, Ancient Greeks, S. 21 ff.
112 Vgl. *Baumgarten* 1750, Aesthetica, S. 11, 21.

nicht erklärter Ursachen- oder Kraftbegriffe oder substanzlose Axiome auskommt.[113] Die Theorie nutzt den Begriff Prozess, weil damit beschrieben wird, dass die Kausalbeziehung über einen längeren Zeitraum existiere und es nicht nur um einen Zeitpunkt gehe; es geht also auch um Verkettungen von Ursachen und Wirkungen, innerhalb derer die Kausalrelata in ihrer Struktur geändert werden.[114] Als Relata sollen Erhaltungsgrößen der Physik dienen, d.h., es gehe um Vorgänge, bei denen Energie zwischen Objekten übertragen wird.[115] Der Rückgriff auf diese Erklärungen führt jedoch zu mehreren bisher ungelösten Problemen: Bei Vorliegen von mehreren, sich ggf. überlagernden Erhaltungsgrößen ist die jeweilige Bedeutung in Bezug auf die Wirkung unklar; auch ist die sprachliche Unzulänglichkeit bei der Abgrenzung der Relata, also was eigentlich die kausal betroffenen Objekte sind und was die geänderte Struktur sein soll, problematisch.[116] Demgegenüber stellt der interventionistische Ansatz die menschlichen Handlungen und die von ihm durchführbare Überprüfbarkeit von Kausalbeziehungen durch Experimente bzw. Messungen in den Mittelpunkt.[117] Kausalität sei die Beziehung zwischen Objekten zum Zwecke der Veränderung und Kontrolle durch den Menschen; alles, was vom Menschen verändert und kontrolliert werden kann, qualifiziere sich als kausal.[118] Während die Überprüfbarkeit durch Experimente bzw. Messungen ein sinnvolles Kriterium zur Falsifizierung von Kausalitäten ist, stellt die Einschränkung auf menschliches Handeln jedoch ein Problem dar, da bspw. die Planetenbewegungen durch Kausalgesetze erklärbar sind, ohne dass der Mensch diese verändern könnte.

---

113 Vgl. *Hüttemann* 2013, Ursachen, S. 119 ff.
114 Vgl. ebd.
115 Vgl. ebd., S. 130.
116 Vgl. ebd., S. 134 f.
117 Vgl. ebd., S. 137 ff. und *Woodward* 2012, Agency and Interventionist, S. 234 ff.
118 Vgl. *Hüttemann* 2013, Ursachen, S. 137 ff.

Auch wenn die beiden knapp angerissenen Ansätze jeweils ästhetische Aspekte wiedereinführen, kommen sie nicht recht über die bereits von den Physikern in ihren philosophischen Werken in großer Breite und Tiefe bereits ausgeführten Gedanken hinaus. Insbesondere besteht bei diesem auf die Messung physischer Größen fokussierten Denken die Gefahr, wieder eine mechanistische Weltanschauung einzunehmen. So stellt der Physiker Frank fest, dass zwar die Allgemeingültigkeit kausaler Zusammenhänge in Bezug auf unbelebte Materie wenig Widerspruch finde, aber bei Anwendung auf belebte Organismen starken Widerspruch erlebe und insbesondere beim Menschen die „Willensfreiheit" auftrete und sich historisch-geschichtliche Vorgänge des Menschengeschlechts nicht auf logische oder physikalische Vorstellungen reduzieren lassen, sondern nach einer Ganzheitlichkeit verlangen, wie sie nur die Geisteswissenschaften erkennen könne.[119] Darüber hinaus ist beiden Ansätzen, aber auch allen anderen gemein, nicht angemessen mit dem Ausbleiben eines Ereignisses (einem negativen oder kontrafaktischen Ereignis, bspw. die ausbleibende Wässerung einer Pflanze und ihr darauffolgendes Absterben) umzugehen.[120]

---

119 Vgl. *Frank* [1932] 1988, Kausalgesetz, S. 83 f.
120 Vgl. *Hüttemann* 2013, Ursachen, S. 134.

B.   Fazit

Hume erkannte, dass Kausalität eine menschliche Erfindung sein müsse, alle Erkenntnis der Welt von der menschlichen Wahrnehmung und seiner Fähigkeit, diese Beobachtungen in Verhältnisse zu setzen, abhinge und damit absolutes Wissen über notwendige Zusammenhänge in der Natur unmöglich ist. Damit versetzte er der bis dato dominierenden metaphysischen Deutung der Welt und den Behauptungen über eine göttliche Ordnung und Vorherbestimmung ein jähes Ende, bot aber keine Erklärung an, wie der Mensch einerseits Kausalität erfände und zugleich in der Natur beobachtete. Im Wesentlichen blieb es bei seiner Feststellung, dass sich alles aus der menschlichen Erfahrung ergäbe und keine Gewissheiten existieren.

Kant nahm sich Hume an und versucht die Metaphysik zu retten, indem er (geistige) Notwendigkeiten erkannte, die jeder menschlichen Erkenntnis und rohen Beobachtung a priori vorangehen müssten und sie erst ermöglichen. Zu diesen gehörten die Kausalität als Denkschema des Verstandes zur Verarbeitung von Erfahrungen und die aus Kausalität abgeleitete menschliche Freiheit: die Möglichkeit, einen „Anfang" in den endlosen natürlichen vorgegebenen kausalen Abfolgen von Ursache und Wirkung setzen zu können. Ob nun Kausalität eine Kategorie des menschlichen Verstandes sei, also in ihm selbst liege, ungeachtet dessen, wie sie dorthin käme und wie der Mensch gleichzeitig in außerhalb von ihm existierenden und vorgegebenen Kausalitäten frei sein könne, bleibt unklar.

Unabhängig von Kant schritt die „empirische Wissenschaft der Ursachen" voran und konnte beobachtete Wirkungen in Abhängigkeit von Größen wie „Kraft" in mathematischen Gesetzmäßigkeiten beschreiben. Zentral dabei war die „unveränderliche Abfolge", sodass der Ursachenbegriff verschwand und durch (hinreichende) Bedingungen oder Umstände ersetzt wurde, die gegeben sein müssen,

damit sich bestimmte Wirkungen zeitigen. Dies verleitete manche
Physiker dazu, die Abschaffung der Philosophie samt Metaphysik zu
fordern, und untergrub auch die bisherige Vorstellung der notwendigen Abfolge von Ursache und Wirkung: Kräfte waren Wirkung und
Ursache zugleich. Diese Widersprüchlichkeit verstärkte sich mit der
Quantenmechanik und der Unmöglichkeit, exakte Vorhersagen über
den Zustand von Teilchen zu treffen. So lösten sich die Physik und
ihre verwandten Naturwissenschaften vom Ziel, erklären zu wollen,
was Kausalität sei, und beschränkten sich auf die empirische Auswertung von Experimenten.

Aktuelle philosophische Ansätze zu Kausalität lassen sich unterscheiden in begriffliche: was mit dem Begriff Ursache gemeint ist
und welche Merkmale mit Kausalitäten verknüpft werden, epistemologische: wie Kausalbeziehungen überprüft werden können, und
ontologische: was ist Kausalität ist und wie sie sich erklären lässt.
Grundsätzliches Ziel ist es, die Erkenntnisse in eine vom Menschen
unabhängig existierende allgemeine Gesetzmäßigkeit der Kausalität zu überführen. Dafür greifen die Philosophen nun auf mathematische Modelle und Wahrscheinlichkeitsberechnungen zurück, um
eine allgemeine Gesetzmäßigkeit zu formulieren. Insgesamt können
jedoch die bisherigen Erkenntnisse nicht weiterentwickelt oder vertieft werden. Bemerkenswert ist zudem, dass die Ästhetik, als sinnliche Erfahrung, die insbesondere bei Hume zentrale Bedeutung ge-
noss, in den Ansätzen der neueren Philosophie kaum beachtet wird.

Nur die Prozesstheorie sowie der interventionistische Ansatz
rücken, ohne den Begriff der Ästhetik zu verwenden, wieder die
sinnliche Verbindung des Menschen mit der Welt und die räumlich
bedingte Erfahrung in den Mittelpunkt, ohne allgemeingültige Antworten darauf geben zu können, was Kausalität nun sei. Dabei läge
es nahe, physikalische Messungen und Experimente als erweiterte
sinnliche Wahrnehmungen des Menschen zu deuten und als direkte

Fortsetzung von Hume, ergänzt durch das freiheitliche Element von Kant, selbst über den Messgegenstand entscheiden zu können, auszubauen. So findet die Allgemeingültigkeit kausaler Zusammenhänge in Bezug auf unbelebte Materie wenig, aber bei Anwendung auf belebte Organismen starken Widerspruch. Insbesondere die beim Menschen auftretende Willensfreiheit, die eine Reduktion historisch-geschichtlicher Vorgänge auf logische oder physikalische Vorstellungen verbiete, verlangt von einer Erklärung der Kausalität eine Ganzheitlichkeit, wie sie nur die Geisteswissenschaften liefern können.

C.   Offene Fragen und Antwortvorschläge

So verbleibt bis heute die unbeantwortete Kernfrage, wie sich Kausalität so erklären lässt, dass ihre Erklärung allgemein ist und der Falsifikation standhält sowie im Besonderen auch über konkret beobachtbare und messbare Ereignisse in der erfahrbaren Welt etwas Wahres aussagt und überprüfbar ist, ohne eine Tautologie zu sein.[121] Nach Hüttemann müsste eine solche Erklärung auch die beiden Hauptprobleme lösen, nämlich dass (i) bisherige Erklärungen mit physikalischen Theorien, dem empirischen Maßstab schlechthin, aufgrund ihrer Asymmetrie, d.h., dass Ursachen stets vor Wirkungen geschehen, unvereinbar sind (physikalische Gleichungen drücken eine Abhängigkeitsfunktion aus, die prinzipiell keine Zeitrichtung berücksichtigt) und (ii) eine Erklärung für ihre modale Wirkung liefern, d.h., wieso Ursachen Wirkungen „erzwingen" bzw. weshalb es eine notwendige Verknüpfung von Ursache und Wirkung zu geben scheint; Hume schlug diesbezüglich vor, anstelle von notwendigen, nur von einer hinreichenden Verknüpfung auszugehen, d.h., nur von der Verknüpfung von Ursachentypen und darauffolgenden Wirkungstypen zu sprechen,[122] was dann aber die Gefahr von tautologischen Aussagen erhöht und konkrete Aussagen über erfahrbare Ereignisse in der Welt erschwert oder gar unmöglich macht. Im Weiteren listet Hüttemann mehrere untergeordnete Kriterien auf, die von einer Kausaltheorie erfüllt werden müssten.[123] Ich verzichte auf eine gesamte Darstellung und greife ein mir sinnvoll erscheinendes, die vorgenannten Probleme ergänzendes Kriterium heraus, nämlich (iii) die Objektivität von Kausalität, d.h., was kausal ist oder nicht, soll nicht von der Meinung oder Anschauungen einzelner Menschen abhängen,

---

121 Vgl. *Frank* [1932] 1988, Kausalgesetz, S. 284.
122 Vgl. *Hüttemann* 2013, Ursachen, S. 58 f.
123 Vgl. ebd., S. 57, 63.

sondern allgemeingültig und überprüfbar sein.[124] Schließlich müsste meiner Anschauung nach eine Theorie der Kausalität auch (iv) Erklärungsansätze für das Entstehen von individuellen sowie gesellschaftlichen Veränderungen, also neben den üblichen physikalisch determinierten Zusammenhängen auch über den Menschen, seinen Geist und sein soziales Verhalten, möglich machen und etwas aussagen können.

Auf Basis meiner Untersuchungen zur Wirkung des Menschen und seiner auf Kausalität gründenden Freiheit gebe ich folgende Antwortvorschläge für die noch offenen Fragen:

(i) Die von mir entwickelte Kausalitätstheorie steht nicht im Widerspruch zu physikalischen Theorien, sondern baut auf ihnen auf: Sie erkennt die notwendige Abfolge von Ursache und Wirkung als eine menschliche symbolisch-logische Notwendigkeit an. Die Ursachenbezeichnung ermöglicht die symbolische Festlegung von vorherrschenden Beobachtungsbedingungen und öffnet damit eine erfahrene Wirkung für die bewusste Wiederholung durch denselben oder andere Beobachter. Tatsächlich bewirken die „ursächlichen" Beobachtungsbedingungen jedoch zeitgleich die davon abhängigen Wirkungen. Menschen können die Bewahrheitung des Zusammenhangs nur empirisch vornehmen, wofür eine wiederholte Beobachtung sowie zeitliche Reihung und die vorige Anordnung der Beobachtungsbedingungen notwendig sind. Im physikalischen Sinne handelt es sich aber bei jeder Beobachtung um ein ungebrochenes und unaufhaltsames Fortschreiten von Wirkung zu Wirkung, welches im Konzept der Entropie, dem physikalischen Zeitpfeil, beschrieben ist.

---

124 Vgl. ebd., S. 57.

(ii) Die Frage danach, weshalb Ursachen Wirkungen „erzwingen"
      können, beantworte ich auf zwei Ebenen: Zum einen ist vor-
      stehend in (i) knapp geschildert, weshalb Ursachen aufgrund
      symbolisch-logischer Notwendigkeiten den Wirkungen vor-
      hergehen müssen und daher Kausalitäten notwendigerweise
      stets und allgemein in der gleichen Methodik entwickelt wer-
      den. Zum anderen sagt meine Theorie aus, dass Kausalität
      und die damit verbundene Veränderung des menschlichen
      Möglichkeitsraums keine natürlichen Notwendigkeiten sind.
      Im Geiste von Hume und Kant sehe ich in Kausalität eine ge-
      nuin menschliche Leistung. Jede Kausalität hängt davon ab,
      dass Beobachter die jeweiligen Beobachtungsbedingungen
      akzeptieren und annehmen. Insofern ist Kausalität freiwillig,
      es besteht weder der Zwang, einen Kausalzusammenhang
      aufstellen zu müssen (eine Wirkung a priori zu wollen), noch
      bestehende Kausalgesetze anzuerkennen. Es steht dem Men-
      schen frei, alle Erkenntnisse der Wissenschaften zu ignorieren
      und bspw. mit dem Wunsch, wie ein Vogel zu fliegen, aus dem
      Fenster eines hohen Hauses zu springen.

(iii) Die Objektivierung von Kausalität erfolgt über die Anerken-
      nung und Bewahrheitung der Zusammenhänge durch eine
      Vielzahl von Beobachtern in einer Vielzahl von wiederholten
      Beobachtungen und Bestätigungen des Ursache-Wirkungs-
      Zusammenhangs. Kausalität lässt sich somit empirisch
      nachweisen und anhand der wiederholten Erfüllung der In-
      halte ihrer Bedingungskategorien eindeutig benennen. Was
      Kausalität ist und ob ein Sachverhalt kausal ist oder nicht,
      hängt demnach nicht mehr von der subjektiven Einschätzung
      eines Beobachters ab, sondern lässt sich anhand der entwi-
      ckelten universellen Methodologie auf Beobachtungen und

Sachverhalte anwenden. Dabei können auch kontrafaktische
Bedingungen begrifflich benannt und in der Formulierung der
Beobachtungsbedingungen als positiv umschriebene Merk-
male aufgenommen werden.

(iv) Die von mir unternommenen Untersuchungen zeigen, wie das
„Ich" als handelnde Person frei ist, unterschiedliche Beobachtungen und damit auch Kausalitäten zu wollen und die
Bedingungen für ihre Realisierungen unter Beachtung der
materiell vorgegebenen natürlichen Voraussetzungen zu konstruieren. Damit kommt jeder Person eine Verantwortlichkeit
für ihre Beobachtungen und Handlungen zu. Dasselbe gilt für
die gesellschaftliche Verwendung und Konstruktion (sozialer)
Kausalitäten, die eine gesamtgesellschaftliche Reflexion und
Verantwortung fordern. Die Freiheit, unterschiedliche Beobachtungen wollen zu können, und schließlich der Erfolg im
Rahmen der Naturwissenschaften auch eine unzählige Vielfalt an Kausalitäten aufgestellt und in kommerziell-technische
Produkte umgewandelt zu haben, führen direkt zu den weit-
reichenden gesellschaftlichen Veränderungen der Moderne.
Zugleich zeigen das unaufhaltsame Fortschreiten von Wirkung
zu Wirkung und der ungebremste Wandel in der Verwendung
unterschiedlichster Kausalitäten, wie sich die Gesellschaften
fundamental verändern. Dies zeigt sich in unbeabsichtigten
Auswirkungen der modernen Technologien auf die Umwelt
und der Zerstörung der natürlichen Lebensgrundlagen. Meine
Kausalitätstheorie ermöglicht insofern auch Erklärungen und
Aussagen zu gesellschaftlichen Fragestellungen.

V. Quellenübersicht

Baumgarten, Alexander Gottlieb; 1750; Aesthetica, Erster Band; Felix Meiner

Beebee, Helen; Hitchcock, Christopher; Menzies, Peter (Hrsg.); 2012; The Oxford Handbook of Causation; Oxford University Press

Broadie, Sarah; 2012; The Ancient Greeks, in *Beebee et al. (Hrsg.),* Handbook of Causation, S. 21–39

Bureau International des Poids et Mesures; 2021; Rubrik „SI Base Units", abgerufen am 12. Juli 2021; Website

Detel, Wolfgang; 2007; Grundkurs Philosophie, Band 1: Logik; Reclam

Dowe, Phil; 2012; Causal Process Theories, in *Beebee et al. (Hrsg.),* Handbook of Causation, S. 213–233

Fann, K.T.; 1971; Die Philosophie Ludwig Wittgensteins; Reclam

Frank, Philipp; [1932] 1988; Das Kausalgesetz und seine Grenzen; Reclam

Garrett, Don; 2012; Hume, in *Beebee et al. (Hrsg.),* Handbook of Causation, S. 73–91

Heisenberg, Werner; 1979; Quantentheorie und Philosophie; Reclam

Hume, David; 1739; A Treatise of Human Nature, Book 1; Oxford University Press

Hüttemann, Andreas; 2013; Ursachen; De Gruyter

Kant, Immanuel; [1787] 1974; Kritik der reinen Vernunft; Suhrkamp

Köck, Wolfram Karl; 2011; Neurosophie: über Humberto R. Maturanas „Biologie der Kognition", in *Pörkens, Bernhard (Hrsg.)*, Schlüsselwerke des Konstruktivismus, S. 208–225

Menzies, Peter; 2012; Platitudes and Counterexamples, in *Beebee et al. (Hrsg.)*, Handbook of Causation, S. 341–367

Mumford, Stephen; 2012; Causal Powers and Capacities, in *Beebee et al. (Hrsg.)*, Handbook of Causation, S. 265–278

Paul, L.A.; 2012; Counterfactual Theories, in *Beebee et al. (Hrsg.)*, Handbook of Causation, S. 158–184

Pörkens, Bernhard (Hrsg.); 2011; Schlüsselwerke des Konstruktivismus; Springer

Precht, Richard David; 2017; Erkenne dich selbst; Goldmann Verlag

Psillos, Stathis; 2012; Regularity Theories, in *Beebee et al. (Hrsg.)*, Handbook of Causation, S. 131–157

Russell, Bertrand; 1913; On the Notion of Cause, in *Proceedings of the Aristotelian Society,* Volume 13, S. 1–26; Oxford University Press

Schnepf, Robert; 2006; Die Frage nach der Ursache. Systematische und problemgeschichtliche Untersuchungen zum Kausalitäts- und zum Schöpfungsbegriff; Vandenhoeck & Ruprecht

Spohn, Wolfgang; 1983; Eine Theorie der Kausalität; Konstanzer Online-Publikations-System

Stierstadt, Klaus; 2010; Thermodynamik. Von der Mikrophysik zur Makrophysik; Springer

Stock, Michael; Davis, Richard; Mirandés, Estefanía de; Milton,

Martin J.T. ; 2019; The revision of the SI – the result of three decades of progress in metrology; BIPM & IOP Publishing

Tegmark, Max; Wheeler, John Archibald; 2001; 100 Jahre Quantentheorie, in *Spektrum der Wissenschaft,* April 2001, S. 68–76; Spektrum der Wissenschaft Verlagsgesellschaft

Williamson, Jon; 2012; Probabilistic Theories, in *Beebee et al. (Hrsg.),* Handbook of Causation, S. 185–212

Wind, Edgar; [1934], 2001; Das Experiment und die Metaphysik; Suhrkamp

Wittgenstein, Ludwig; [1922] 2016; Tractatus logico-philosophicus; Suhrkamp

Weitere Quellen, die im Rahmen der Ausarbeitung studiert, aber nicht zitiert wurden:

Lichtblau, Klaus; 1994; Kausalität oder Wechselwirkung? Max Weber und Georg

Simmel im Vergleich, in *Wagner, Gerhard et al. (Hrsg.),* Max Webers Wissenschaftslehre. Interpretation und Kritik, S. 527–562.

Osterhammel, Jürgen; 2007; Kausalität: Bemerkungen eines Historikers, in *Brandenburgische Akademie der Wissenschaften (Hrsg.),* Kausalität: Streitgespräche in den Wissenschaftlichen Sitzungen der Versammlung der Berlin-Brandenburgischen Akademie der Wissenschaften am 9. Dezember 2005 und 5. Mai 2006, (Debatte; 5), S. 75–80.

Popper, Karl R.; 1996; Alles Leben ist Problemlösen

Thaliath, Babu; 2008; Modi der Wirklichkeit. Die ontische Struktur der Wirklichkeit und das Problem der zureichenden Kausalität.

Wikipedia; 2014–2021; Verschiedene Einträge zu Suchbegriffen:
- Ästhetik
- Definition Soziologie
- Entropie
- Ethik
- Hamiltonsches Prinzip
- Internationales Einheitensystem
- Komplexität
- Kopenhagener Deutung

- Konstruktivismus (Philosophie)
- Maßeinheit
- Natürliche Zahl
- Peano-Axiome
- Planck'sches Wirkungsquantum
- Prädikatenlogik
- Wiener Kreis
- Wilhelm Dilthey

YouTube; 2021; Verschiedene Videos zu Suchbegriffen:
- *Gabriel, Markus*: Es gibt nur 3 moralische Werte
- *Gabriel, Markus* in Sternstunde Philosophie: „Falsch: Alle Philosophien der letzten 2.500 Jahre!"
- *Gaßner, Josef M.*: Prinzip der minimalen Wirkung